Fachberichte Messen, Steuern, Regeln

Band 1: Automatisierungstechnik im Wandel durch Mikroprozessoren
INTERKAMA-Kongreß 1977
Herausgegeben von M. Syrbe, B. Will
X, 675 Seiten. 1977

Band 2: Entwurf digitaler Steuerungen.
Ein Kolloquiumsbericht
Herausgegeben von K. H. Fasol
VI, 250 Seiten. 1979

Band 3: M. Cremer: Der Verkehrsfluß auf Schnellstraßen.
Modelle, Überwachung, Regelung.
XVI, 203 Seiten. 1979

Band 4: Wege zu sehr fortgeschrittenen Handhabungssystemen
Herausgegeben von H. Steusloff
VI, 205 Seiten. 1980

Band 5: Meß- und Automatisierungstechnik – Technologien, Verfahren, Ziele
INTERKAMA-Kongreß 1980
Herausgegeben von D. Ernst und M. Thoma
XI, 863 Seiten. 1980

Band 6: H. G. Jacob: Rechnergestützte Optimierung statischer
und dynamischer Systeme – Beispiele mit FORTRAN-Programmen.
XII, 329 Seiten. 1982

Band 7: J. P. Foith †: Intelligente Bildsensoren
zum Sichten, Handhaben, Steuern und Regeln
IX, 196 Seiten. 1982

Band 8: A. Korn: Bildverarbeitung durch das visuelle System
VIII, 185 Seiten. 1982

Band 9: Sehr fortgeschrittene Handhabungssysteme –
Ergebnisse und Anwendung
Herausgegeben von P. J. Becker

Band 10: Fortschritte durch digitale Meß- und Automatisierungstechnik
INTERKAMA-Kongreß 1983
Herausgegeben von M. Syrbe und M. Thoma
XV, 791 Seiten. 1983

Band 11: K.-F. Kraiss: Fahrzeug- und Prozeßführung
Kognitives Verhalten des Menschen und Entscheidungshilfen
VI, 138 Seiten. 1985

Band 12: Sensoren in der textilen Meßtechnik
Herausgegeben von E. Schollmeyer und E. A. Hemmer
X, 425 Seiten. 1985

Fachberichte
Messen · Steuern · Regeln

Herausgegeben von M. Syrbe und M. Thoma

17

K. H. Kraft

Fahrdynamik und Automatisierung von spurgebundenen Transportsystemen

Springer-Verlag
Berlin Heidelberg GmbH 1988

Autor:
Dr.-Ing. Karl Heinz Kraft
Siemens AG
Bereich Eisenbahnsignaltechnik
Neue Verkehrssysteme
Postfach 3327
3300 Braunschweig

ISBN 978-3-540-18816-2

CIP-Kurztitelaufnahme der Deutschen Bibliothek
Kraft, Karl Heinz:
Fahrdynamik und Automatisierung von spurgebundenen Transportsystemen / K. H. Kraft.
  (Fachberichte Messen, Steuern, Regeln ; 17)
  ISBN 978-3-540-18816-2   ISBN 978-3-662-07177-9 (eBook)
  DOI 10.1007/978-3-662-07177-9

NE: GT

Offsetdruck: Color-Druck, G. Baucke, Berlin; Bindearbeiten: B. Helm, Berlin
2160/3020-543210

*Meiner Frau Sabine
und meinen Kindern
Ulrike und Beate*

Vorwort

Gemeinsam mit der Weiterentwicklung der Transporttechnik für den Nah-
und Fernverkehr werden zur Zeit und in absehbarer Zukunft erhebliche
Fortschritte beim Entwurf und in der Realisierung der dafür vorgesehenen Leitsysteme erzielt. Dabei liegt besonderes Gewicht auf der
wohlüberlegten Automatisierung von Betriebsabläufen mit Hilfe von
Komponenten zur Betriebssicherung, -steuerung und -führung.

Zu einer umfassenden Darstellung dieser Problematik gehören u.a. die
Grundlagen der Fahr- und Prozeßdynamik von spurgebundenen Transportsystemen, Anwendungen zur Theorie der optimalen Steuerung und Gesichtspunkte zur funktionellen, räumlich-technischen und hierarchi-
schen Gliederung von Betriebsleitsystemen. Die Diskussion spezieller
technischer Lösungen muß sich bei dieser Zielsetzung auf die übergeordneten Prinzipien beschränken. Besonderer Wert wurde auf die
systematische Behandlung von Entwurfsmethoden und -beispielen gelegt,
durch die gezeigt werden soll, wie ein abgestimmtes Zusammenspiel der
Systemkomponenten im Hinblick auf eine hohe Betriebsleistung und
-qualität erreicht werden kann.

Diese Arbeit entstand im Rahmen meiner Tätigkeit als Entwicklungs-
ingenieur und Projektleiter in der Abteilung Neue Verkehrssysteme im
Bereich Eisenbahnsignaltechnik der Firma Siemens AG in Braunschweig.
Zahlreichen Kollegen, die meine Aktivitäten unterstützt haben, bin
ich zu Dank verpflichtet. Die Reinschrift dieser Arbeit wurde von
Frau B. Drechsler und von Frau A. Haselbach angefertigt, die Bilder
haben Frau P. Staats und Herr G. Haase gezeichnet. Ihnen allen sei
für die fachkundige und geduldige Betreuung gedankt.

Weiterhin habe ich Herrn Prof. M. Thoma und dem Springer-Verlag für
die Aufnahme dieser Arbeit in die Reihe der Fachberichte Messen-
Steuern-Regeln zu danken.

Wolfenbüttel, Oktober 1987   Karl Heinz Kraft

Inhaltsverzeichnis

1 Einführung

1.1 Der moderne Bahnbetrieb und seine automatische Steuerung

Zur Zeit wird intensiv an zukunftsweisenden Lösungen für den spurgebundenen Verkehr gearbeitet. Dies wird beispielsweise an der Weiterentwicklung der Rad-Schiene-Technik, verbunden mit einer Steigerung der Fahrzeughöchstgeschwindigkeiten, deutlich. In Japan, Frankreich und Deutschland sind Bahnen mit einer Betriebsgeschwindigkeit zwischen 200 und 300 km/h geplant oder bereits in Betrieb. Noch höhere Geschwindigkeiten werden bei der Entwicklung von Magnetschnellbahnen angestrebt. Weiterhin ist der automatische Betrieb von Kabinenbahnen im städtischen Bereich zu nennen, wofür es Beispiele in England, USA und Deutschland gibt. Diese Bahnen bilden eine Alternative zu den Straßenbahnen, U-Bahnen und Stadtschnellbahnen. Darüber hinaus sind automatische gesteuerte Flurförderfahrzeuge zu erwähnen, die bei innerbetrieblichen Transportaufgaben im Rahmen von automatisierten Fertigungsanlagen zum Einsatz kommen.

Durch Automatisierung des Fahrbetriebs sollen Sicherheit, Wirtschaftlichkeit, Betriebsqualität und damit die Attraktivität des spurgebundenen Nah- und Fernverkehrs gesteigert werden.

In allen Fällen wird ein Leitsystem benötigt, das die grundsätzliche Aufgabe hat, den Fahrbetrieb zu sichern, zu steuern und zu führen. Es soll eine wirtschaftliche Ausnutzung der Eigenschaften von Fahrzeugen und Fahrwegen im Rahmen der verkehrlichen Aufgaben gewährleisten.

Wegen der vielfältigen Wechselwirkungen zwischen Verkehrsanlage, Fahrbetrieb und Leitsystem ist daher der systematische Einsatz von Analysemethoden und Modellen auf den Gebieten Fahrdynamik, Prozeßdynamik und -optimierung sowie Sicherungs- und Steuerungstechnik erforderlich, damit ein gut abgestimmtes Gesamtsystem entworfen werden kann.

Die Anforderungen an ein modernes Betriebsleitsystem ergeben sich aus dem Wunsch nach betrieblich optimalen, standardisierten Transportvorgängen, deren Realisierung durch den Einsatz gleichartiger Fahrzeuge und die Durchführung übersichtlicher Fahrpläne (z.B. Taktfahrpläne) sowie die Vorgabe vereinfachter Geschwindigkeitsprofile erleichtert wird.

Andererseits handelt es sich bei der Steuerung des Bahnbetriebs um ein komplexes System, für das eine umfassende mathematische Beschreibung naturgemäß Schwierigkeiten bereitet. Die Synthese von Leitsystemen kann aber durch systematische Analysen der Bewegungsvorgänge im Bahnsystem wirkungsvoll unterstützt werden, zumal die Gesetzmäßigkeiten der Fahrzeug- und Prozeßdynamik weitgehend unabhängig vom Typ des Transportsystems sind. Da die Anwendung dieser Gesetzmäßigkeiten sowohl bei der Entwicklung von Betriebsleitsystemen als auch für die Durchführung des Betriebes viele aufschlußreiche Anhaltspunkte liefert, ist eine zusammenfassende Darstellung des Stoffes angebracht.

1.2 Typen spurgebundener Transportsysteme

Auch wenn viele der zu behandelnden Gesetzmäßigkeiten weitgehend
unabhängig von den Eigenschaften der Transportsysteme sind, soll
eine kurze Aufzählung gängiger Systemtypen nicht fehlen.
Sie sind in Tabelle 1.1 in "konventionelle" Rad-Schiene-Bahnen und
in "unkonventionelle" Transportmittel aufgeteilt.

	konventionell	unkonventionell
spurgebundener Nahverkehr	Straßenbahnen	Kabinenbahnen
	U-Bahnen	Spurbusse
	Stadtschnellbahnen	innerbetriebliche
		Transportsysteme
spurgebundener Fernverkehr	Fernbahnen	Magnetschnellbahnen

Tabelle 1.1 - Einordnung spurgebundener Transportsysteme

Eine weitere Typisierung kann beispielsweise anhand von folgenden
Merkmalen vorgenommen werden: Betriebsart (zielreiner oder nicht
zielreiner Verkehr), Fahrwegtechnik (ober- oder unterirdischer
Fahrweg, aufgeständert oder nicht), Antriebstechnik (rotierender
Motor oder Linearantrieb), Trag- und Führtechnik (Rad-Schiene-,
Magnetschwebe- oder Luftkissenprinzip). Diese Themen werden
ausführlich in /1, 2, 3/ behandelt.

1.3 Ziele fahrdynamischer und betrieblicher Untersuchungen

Als Ziele fahrdynamischer und betrieblicher Untersuchungen können im
wesentlichen drei Punkte genannt werden (vgl. auch /4, 5, 6/:

- Ermittlung der Betriebsleistung für eine gegebene Anlage,
- Bestimmung der Anforderungen an ein zu planendes oder zu
  entwerfendes Betriebsleitsystem bzw. an seine Komponenten,
- Beurteilung der Betriebsqualität.

Dabei sind u.a. die folgenden Kenngrößen zu beachten:
Fahrzeit, Transportgeschwindigkeit, planmäßige und minimale Zugfolgezeit als Leistungsparameter sowie Verspätungszeiten und der
Energieverbrauch der Züge als Qualitätskriterien. Während sich die
gewünschte betriebliche Leistung auf den fahrplanmäßigen Betrieb
bezieht, müssen zur Beurteilung der Betriebsqualität auch Störungsfälle, die Zugverspätungen bewirken, berücksichtigt werden.

Mit dem Ziel, übergeordnete Gesetzmäßigkeiten bei der Automatisierung des Bahnbetriebs deutlich zu machen, sollen verschiedene
Aspekte fahrdynamischer und betrieblicher Untersuchungen vorgestellt, zugehörige mathematische Beziehungen schrittweise hergeleitet und wesentliche Ergebnisse zusammengefaßt werden.

Die Notwendigkeit einer "kybernetischen Betrachtungsweise" /7/ bei
der Optimierung und Steuerung der Betriebsabläufe ist wegen der
vielfältigen modernen technischen Möglichkeiten offenkundig.

1.4 Übersicht der behandelten Themen

Zunächst werden die Bewegungen eines einzelnen Zuges oder Fahrzeugs und ihre mathematische Beschreibung behandelt. Damit können Kenngrößen des planmäßigen Betriebes wie Fahrzeit, Transportgeschwindigkeit und Energieverbrauch pro Zugfahrt berechnet werden.

Zur Ermittlung der maximalen Streckenkapazität sind die Bewegungen zweier aufeinanderfolgender Züge zu betrachten, und zwar im Bereich des am stärksten leistungsbegrenzenden Engpasses einer Strecke. Die resultierende Mindestzugfolgezeit hängt vom Verfahren der Abstandssicherung der Züge ab und muß bei der Fahrplanerstellung berücksichtigt werden. Dabei sind zusätzlich die in der Praxis unvermeidlichen Zugverspätungen zu beachten. Die Pufferzeit, die zeitliche Reserve im Fahrplan, dient zur Begrenzung von Folgeverspätungen.

Zur Steuerung des Betriebes unter dem Einfluß von Unregelmäßigkeiten und Störungen, die sich als Verspätungen bemerkbar machen, werden verschiedene Optimierungsansätze vorgestellt. Sie liefern Beziehungen und Algorithmen, mit denen eine wesentliche Verbesserung der Betriebsflüssigkeit und des Fahrkomforts und die Minimierung der Gesamtverspätung erzielt werden kann.

Aus den verschiedenen Aspekten der Prozeßdynamik folgen die einzelnen Aufgaben des Leitsystems, und zwar mit und ohne Sicherheitsverantwortung sowie mit verschiedenen zeitlichen Anforderungen. Daraus ergibt sich eine hierarchische und räumliche Gliederung der Systemkomponenten.

Zusammenfassend läßt sich der folgende "rote Faden" dieser Arbeit angeben:

- Analyse und Optimierung des Bahnbetriebs im Rahmen der vorgegebenen Grenzen (bewirkt durch die Eigenschaften der Fahrzeuge, des Fahrwegs und des Fahrbetriebs),

- Durchführung der Betriebsabläufe mit Hilfe eines Leitsystems,

- Gliederung des Leitsystems in die Bereiche zur Sicherung, Steuerung und übergeordneten Führung des Fahrbetriebs.

Zunächst werden der Fahrdynamik einige ausführliche Betrachtungen gewidmet, da bei jeder Automatisierungsaufgabe die Eigenschaften des zu steuernden Prozesses besondere Aufmerksamkeit geschenkt werden muß.

2 Beschreibung der Fahrzeugdynamik

2.1 Die Differentialgleichung der Fahrzeugbewegung

Bei der Berechnung der Fahrzeugbewegungen ist allgemein vom
Kräftegleichgewicht zwischen der Antriebskraft F, dem Fahrwiderstand G und der resultierenden Kraft mdv/dt entsprechend

$$m \frac{dv}{dt} = m\dot{v} = F(v) - G(v) \qquad (2.1)$$

auszugehen, das für jeden Bewegungszustand gilt. (Bild 2.1).
Das Fahrzeug wird dabei als punktförmige Masse angenommen.

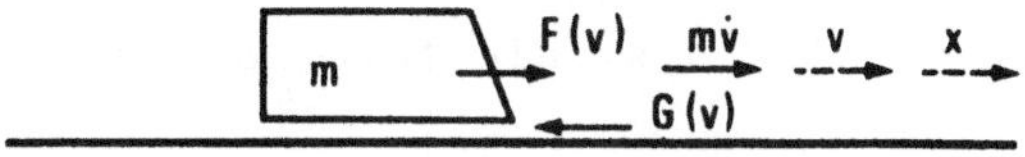

Bild 2.1. Kräfte und Zustandsgrößen der Fahrzeugbewegung

Sowohl die Antriebskraft F(v) als auch der Fahrwiderstand G(v) sind
i.a. stark von der Fahrzeuggeschwindigkeit v abhängig. Die ent-
sprechenden Funktionen müssen wenigstens näherungsweise bekannt
sein, damit die Differentialgleichung (2.1) gelöst werden kann.
Dies geschieht allgemein durch Trennung der Variablen in der Form

$$\int_{t_0}^{t_1} dt = \int_{v_0}^{v_1} \frac{m}{F(v) - G(v)} dv \qquad (2.2)$$

oder

$$\int_{x_0}^{x_1} dx = \int_{t_0}^{t_1} v\,dt = \int_{v_0}^{v_1} \frac{m\,v}{F(v) - G(v)}\,dv \qquad (2.3)$$

für die Bereiche $t_0 \leq t \leq t_1$, $v_0 \leq v \leq v_1$, $x_0 \leq x \leq x_1$.
Von den zahlreichen Arbeiten, die sich mit diesen Problemen
befassen, kann an dieser Stelle nur eine willkürliche begrenzte
Auswahl angegeben werden /1, 2, 4, 5, 8 bis 12/.

2.2 Fahrwiderstände

Für den gesamten Fahrwiderstand eines Zuges wird meistens der Ansatz
(vgl. z.B./1, 2, 4, 8, 13/)

$$G(v) = g_0 + g_1 v + g_2 v^2 \qquad (2.4)$$

gemacht, wobei die Koeffizienten g_0, g_1 und g_2 empirisch zu
bestimmen sind. In (2.4) sind u.a. die folgenden Anteile enthalten:

- als geschwindigkeitsunabhängige Widerstände der Rollwider-
  stand $G_R = \mu_R mg\cos\alpha$ und
  der Steigungswiderstand $G_S = mg\sin\alpha$
  mit dem Rollreibungskoeffizienten μ_R, der Erdbeschleunigung
  $g \approx 9{,}81\ m/s^2$ und dem Steigungswinkel α ;

- der Luftwiderstand $G_L = g_2 v^2$, siehe insbesondere /14/;
  es gilt $g_2 = 1/2 d_L c_w A$ mit der Dichte der Luft
  $d_L = 1{,}25\ kg/m^3$,
  dem Luftwiderstandsbeiwert c_w und der Schattenfläche
  (Stirnfläche) A.

Der aerodynamische Widerstand spielt bei hohen Geschwindigkeiten
(z.B. im Bereich v>200 km/h) eine dominierende Rolle. Soll der
Einfluß der Windgeschwindigkeit berücksichtigt werden, kann der
aerodynamische Widerstand in der Form $g_2(v + v_w)\,|\,v + v_w\,|$ dar-
gestellt werden. Dabei gibt v_w die Komponente der Windgeschwindigkeit gegen die Fahrtrichtung an.

Die Berücksichtigung umlaufender Massen (Gesamtanteil m_u) kann durch
die Einführung einer Ersatzmasse m^* für den Zug erfolgen:
$m^* = m(1 + m_u/m)$. Das Verhältnis m_u/m beträgt bei konventionellen
Bahnen je nach Zugtyp zwischen 5 % und 20 %.

Als Zahlenbeispiel seien die in /15/ angegebenen Werte für die
Fahrwiderstandskoeffizienten des französischen Turbozugs TGV für die
Fahrt in der Ebene genannt:
$g_0 = 1060$ N, $g_1 = 66,1$ Ns/m, $g_2 = 3,4$ Ns^2/m^2.

2.3 Antriebskraft und Beschleunigung

Bei der Antriebskraft F(v) wird vereinfachend als Näherung für die
meisten Fahrzeugantriebe zwischen dem Bereich konstanter Kraft F_a
und dem Bereich konstanter Leistung P_a unterschieden. Die Bereichs-
grenze wird durch die Geschwindigkeit v_{Pa} gekennzeichnet.

$$F = \begin{cases} F & v \leq \dfrac{P_a}{F_a} = v_{Pa} \\[2em] & \text{für} \\[1em] \dfrac{P_a}{v} & v > \dfrac{P_a}{F_a} \end{cases} \qquad (2.5)$$

Aus der Differenz der beiden Kurven F(v) und G(v) erhält man die
verfügbare Beschleunigung a(v) entsprechend Bild 2.2.
Die Anfangsbeschleunigung beträgt

$$a_0 = \frac{F_a - g_0}{m} \quad . \qquad (2.6)$$

Die Grenzgeschwindigkeit v_g liegt am Schnittpunkt von $F(v)$ mit $G(v)$, gibt also diejenige Geschwindigkeit an, bei der keine Beschleunigung mehr erzielt werden kann. Als Restbeschleunigung a_r wird der Wert bezeichnet, der noch bei der vorgesehenen Betriebsgeschwindigkeit v_B erreicht werden soll. Daraus ergibt sich die erforderliche Antriebsleistung

$$P_a = (ma_r + G(v_B))v_B \quad . \tag{2.7}$$

Das folgende Berechnungsbeispiel bezieht sich auf ein Hochgeschwindigkeitsfahrzeug (Magnetschnellbahn) mit $m = 10^5$ kg, $a_r = 0,2$ m/s^2, $v_B = 400$ km/h.
Der Fahrwiderstand wird durch $G(v) \approx g_2 v^2$ mit $g_2 = 3$ kg/m $= 3$ Ns^2/m^2 angenähert und beträgt bei v_B 37 kN. Insgesamt ergibt sich dabei eine erforderliche Antriebsleistung von 6,3 MW.

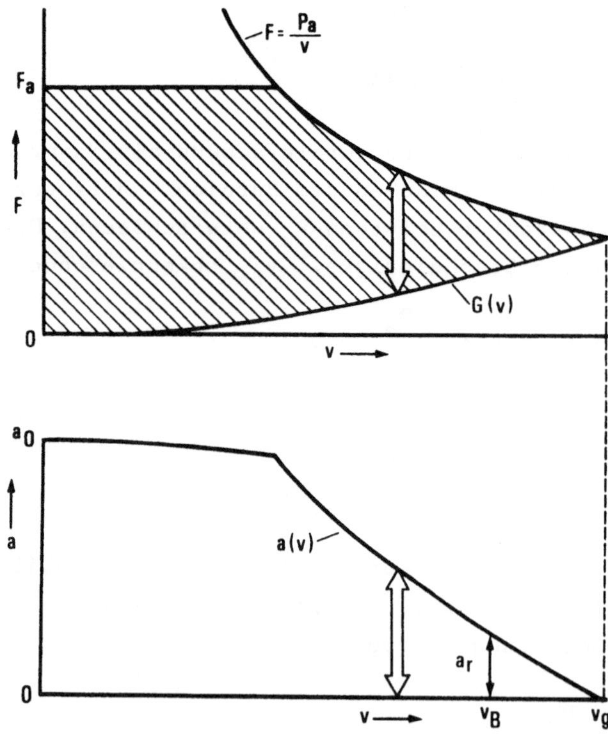

Bild 2.2. Antriebskraft F und Beschleunigung a als Funktion der Geschwindigkeit v; Fahrwiderstand G(v)

2.4 Beschleinigungszeiten und -wege

2.4.1 Lösung der Bewegungs-Differentialgleichung

Bei der Berechnung der während des Beschleunigungsvorgangs benötigten Zeiten und Wege können die Beziehungen (2.2) und (2.3) angewendet werden. Soll der Fahrwiderstand in der allgemeinen Form (2.4) berücksichtigt werden, ist diese Berechnung zugegebenermaßen ziemlich umfangreich. Die unten aufgeführten Beziehungen gelten für den Fall $G(v) = g_2 v^2$, bei dem der bei hohen Geschwindigkeiten dominierende Anteil des Fahrwiderstands berücksichtigt wird. Bei der Beschleunigung von $v=0$ auf $v=v_B > P_a/F_a = v_{Pa}$ ergeben sich dann mit der Fallunterscheidung (2.5) die folgenden Gleichungen /16/, wo sich die Teilbeträge T_{a1} bzw. x_{a1} auf den Bereich $0 \leq v \leq v_{Pa}$ mit konstanter Antriebskraft F_a beziehen.

$$T_a = T_{a1} + T_{a2} = \int_0^{v_{Pa}} \frac{mdv}{F_a - g_2 v^2} + \int_{v_{Pa}}^{v_B} \frac{mdv}{\dfrac{P_a}{v} - g_2 v^2} \qquad (2.8)$$

$$= \frac{1}{2} \frac{m}{g_2} \left(\frac{g_2}{F_a}\right)^{\frac{1}{2}} \ln \frac{\dfrac{F_a}{g_2} + v_{Pa}}{\dfrac{F_a}{g_2} - v_{Pa}}$$

$$+ \frac{m}{g_2} \frac{1}{v_g} \left\{ \frac{1}{6} \ln \left[\frac{v_g^2 + v_g v_B + v_B^2}{v_g^2 + v_g v_{Pa} + v_{Pa}^2} \frac{(v_g - v_{Pa})^2}{(v_g - v_B)^2} \right] \right.$$

$$\left. - \frac{1}{\sqrt{3}} \left[\arctan \frac{v_g + 2v_B}{v_g\sqrt{3}} - \arctan \frac{v_g + 2v_{Pa}}{v_g\sqrt{3}} \right] \right\}$$

$$x_a = x_{a1} + x_{a2} = \int_0^{v_{Pa}} \frac{m v \, dv}{F_a - g_2 v^2} + \int_{v_{Pa}}^{v_B} \frac{m v \, dv}{\frac{P_a}{v} - g_2 v^2} \qquad (2.9)$$

$$= \frac{m}{2g_2} \ln \frac{F_a}{F_a - g_2 v_{Pa}^2} + \frac{m}{3g_2} \ln \frac{v_g^3 - v_{Pa}^3}{v_g^3 - v_B^3}$$

Dabei gilt als Grenzgeschwindigkeit

$$v_g = \left(\frac{P_a}{g_2}\right)^{1/3} \qquad (2.10)$$

2.4.2 Die Bewegungsgleichungen bei konstanter Beschleunigung

Nach der Herleitung der Beziehungen für die Beschleunigungszeiten
und -wege, die auf der Lösung der Differentialgleichung (2.1)
basieren, ist ein Vergleich mit den klassischen Bewegungsgleichungen angebracht, wie sie sich bei der gleichmäßig
beschleunigten Bewegung ergeben. Wird für den Fahrwiderstand
$G=0$ gesetzt, gilt für die Beschleunigung $a_0 = F_a/m$ (im Bereich
$0 \leq v \leq v_{Pa}$). Daraus folgen mit den Anfangswerten $v(0) = v_0$,
$x(0) = x_0$ die bekannten Bewegungsgleichungen

$$v(t) = v_0 + a_0 t, \qquad (2.11)$$

$$x(t) = x_0 + v_0 t + 1/2 \, a_0 t^2, \qquad (2.12)$$

$$v(x) = \sqrt{v_0^2 + 2a_0 \, (x-x_0)}. \qquad (2.13)$$

Für die Zeit, die zum Beschleunigen von v_0 auf $v_1 \leq v_{Pa}$ benötigt wird, gilt danach

$$T_a = \frac{v_1 - v_0}{a_0} \; ; \tag{2.14}$$

für den zugehörigen Weg ist

$$x_a = \frac{v_1^2 - v_0^2}{2a_0} \tag{2.15}$$

einzusetzen.

2.4.3 Beschleunigungsvorgang bei konstanter Leistung und Vernachlässigung des Fahrwiderstands

Im Bereich konstanter Antriebsleistung P_a erhält man aus (2.1) unter der Bedingung G=0 mit der Anfangsgeschwindigkeit v_0 für $v_{Pa} < v_0 \leq v$ die folgenden Beziehungen:

$$v(t) = \sqrt{v_0^2 + 2\,\frac{P_a}{m}\,t} \quad , \tag{2.16}$$

$$x(t) = x_0 + \frac{m}{3P_a} \left(\sqrt{\left(v_0^2 + 2\,\frac{P_a}{m}\,t\right)^3} - v_0^3 \right) \quad , \tag{2.17}$$

$$v(x) = \sqrt{v_0^3 + 3\,\frac{P_a}{m}\,(x - x_0)} . \tag{2.18}$$

Sie können beispielsweise dann zur Anwendung kommen, wenn bei Fahrzeugen mit relativ geringer Höchstgeschwindigkeit (z.B. Stadtbahnzüge) zwar der Fahrwiderstand, aber nicht die Leistungsbegrenzung vernachlässigt werden soll.

14

2.4.4 Berechnungsbeispiel

Bild 2.3 zeigt den Anfahrvorgang eines Hochgeschwindigkeitsfahr-
zeugs mit den in 2.3 angegebenen Parameterwerten als Geschwindigkeits-Weg-Diagramm. Dieses Beispiel wurde ausgewählt, weil dabei die
Einflüsse der Leistungsbegrenzung und des Fahrwiderstands besonders
deutlich werden. Die vorgegebene Betriebsgeschwindigkeit von 400
km/h wird hier nach 13,5 km Fahrt erreicht. Dieser Wert dient zur
Bestimmung einer mittleren Beschleunigung

$$\bar{a} = \frac{v_B^2}{2x_a} \tag{2.19}$$

mit dem hier gültigen Zahlenwert $\bar{a} = 0{,}46 \ \text{m/s}^2$. Die entsprechende
Parabel $v(x)$ wurde ebenfalls in das Diagramm 2.3 eingetragen.
Verglichen mit der exakten Funktion sind bei mittleren Geschwindig-
keiten große Abweichungen festzustellen.

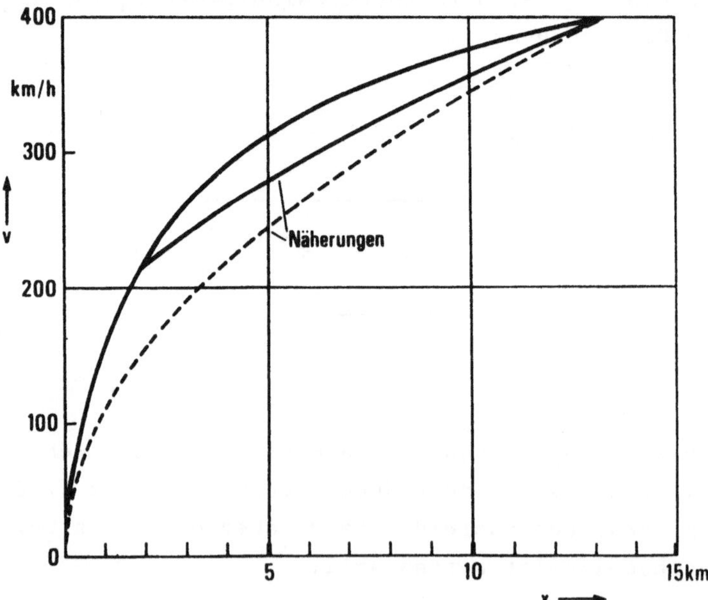

Bild 2.3. Geschwindigkeits-Weg-Diagramm für den Anfahrvorgang
eines Magnetbahnfahrzeugs mit P_a=6MW, F_a=100 kN, m=10^5 kg,
g_2=3 Ns^2/m^2; Näherungskurven mit bereichsweise konstanter
Beschleunigung

Ein besseres, aber auch noch nicht befriedigendes Ergebnis erhält
man bei diesem Beispiel, wenn die Bereiche konstanter Antriebskraft
und Leistung jeweils durch eine Parabel mit einer gewissen Ersatz-
beschleunigungskonstanten angenähert werden
($a_1 = a_0 = F_a/m$ für $v \leq v_{Pa}$ und $a_2 = (v_B^2 - v_{Pa}^2)/(2x_{a2})$ für
$v > v_{Pa}$). Hier zeigt wenigstens der erste Bereich eine gute
Annäherung, da der Fahrwiderstand noch nicht zum Tragen kommt.
Für eine bessere Annäherung im zweiten Bereich sind noch weitere
Stützpunkte auszuwählen, wenn mit bereichsweise konstanter
Beschleunigung gerechnet werden soll /17/. Weitere numerische und
graphische Verfahren /8, 18/ sollen hier nicht näher diskutiert
werden.

2.5 Bremskraft und Bremsverzögerung

Der Verlauf der Bremskraft über der Fahrzeuggeschwindigkeit ist
davon abhängig, welches Bremssystem zum Einsatz kommt. Bei der
Kombination einer elektrischen mit einer mechanischen Bremse läßt
sich ein näherungsweise konstanter Verlauf der Bremskraft erzielen
/19/. Für die anschließenden Betrachtungen sollen analog zur Diskussion der Antriebskraft in 2.3 die beiden markanten Bereiche mit konstanter Kraft und konstanter Leistung unterschieden werden.

$$F = \begin{cases} - F_b & 0 \leq v \leq v_{Pb} = P_b/F_b \\ - \dfrac{P_b}{v} & v_{Pb} < v \leq v_B \end{cases} \quad \text{für} \qquad (2.20)$$

Damit ergibt sich mit (2.1) für die wirksame Verzögerung eines
Fahrzeugs

$$\frac{dv}{dt} = -b(v) = \begin{cases} \dfrac{- F_b - G(v)}{m} & v \leq v_{Pb} \\ \dfrac{\dfrac{- P_b}{v} - G(v)}{m} & v > v_{Pb} \end{cases} \quad \text{für} \qquad (2.21)$$

Je nach Art des Fahrwiderstands (Luftwiderstand, Steigungen bzw.
Rückenwind, Gefällestrecken) wird die Bremskraft unterstützt bzw. in
ihrer Wirkung abgeschwächt. Die resultierende Bremsverzögerung, wie
sie sich bei den Schnellbahnparametern nach 2.3 einstellt, ist in
Bild 2.4 dargestellt.
Unter diesen extremen Bedingungen sind die Einflüsse einzelner
Parameter besonders gut erkennbar. Es wird deutlich, daß die
wirksame Bremsverzögerung bei einer bestimmten Geschwindigkeit
ein Minimum annimmt. Diese Geschwindigkeit v_m liegt im Bereich der
Leistungsbegrenzung. Für den Fall $G(v) = g_2 v^2$ erhält man

$$v_m = \sqrt[3]{\frac{P_b}{2g_2}} \qquad\qquad (2.22)$$

und den Wert des Minimums mit

$$b_m = b(v_m) = \frac{3}{m} \sqrt[3]{\frac{g_2 \, P_b^{\,2}}{4}} \qquad , \qquad\qquad (2.23)$$

woraus sich bei vorgegebener Mindestbremsverzögerung eine zugehörige Mindestbremsleistung errechnen läßt. Weiterhin wird aus Bild 2.4 deutlich, daß bei kleinen Geschwindigkeiten weitgehend $b \neq f(v)$ gilt. Die Berechnung der zugehörigen Bremszeiten und Bremswege erfolgt anschließend.

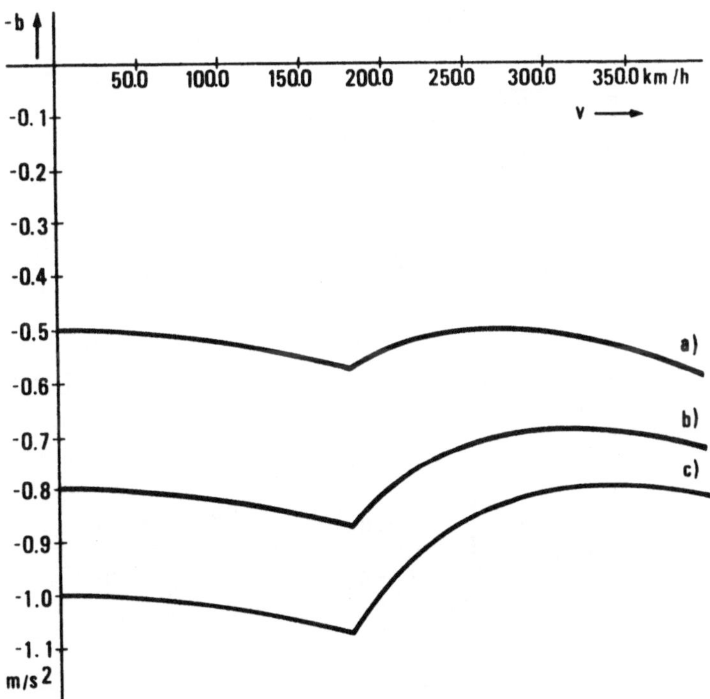

Bild 2.4. Bremsverzögerung b als Funktion der Geschwindigkeit v bei einem Magnetbahnfahrzeug mit $m=10^5$ kg, Luftwiderstandsfaktor $g_2=3$ Ns^2/m^2; a) $F_b=50$ kN, $P_b=2,5$ MW; b) $F_b=80$ kN, $P_b=4$ MW; c) $F_b=100$ kN, $P_b=5$MW

2.6 Bremszeiten und -wege

2.6.1 <u>Lösung der Bewegungs-Differentialgleichung</u>

Wie in 2.4.1 wird wiederum die Vereinfachung $G(v) = g_2 v^2$ eingeführt. Mit (2.1) und (2.20) ergeben sich die Anteile T_{b1} und x_{b1} für
$v \leq v_{Pb}$ und T_{b2} sowie x_{b2} für $v > v_{Pb}$.

Für die gesamte Bremszeit, die bei der Bremsung von der
Betriebsgeschwindigkeit v_B bis zum Stand benötigt wird, gilt

$$T_b = T_{b1} + T_{b2} = \int_{v_{Pb}}^{0} \frac{m\,dv}{-F_b - g_2 v^2} + \int_{v_B}^{v_{Pb}} \frac{m\,dv}{-\frac{P_b}{v} - g_2 v^2} \qquad (2.24)$$

$$= \frac{m}{g_2} \sqrt{\frac{g_2}{F_b}} \arctan \left(v_{Pb} \sqrt{\frac{g_2}{F_b}} \right)$$

$$+ \frac{m}{g_2} \frac{1}{v'_g} \left\{ \frac{1}{6} \ln \left[\frac{v_g'^2 - v'_g v_B + v_B^2}{v_g'^2 - v'_g v_B + v_{Pb}^2} \frac{(v'_g + v_{Pb})^2}{(v'_g + v_B)^2} \right] \right.$$

$$\left. + \frac{1}{\sqrt{3}} \left[\arctan \frac{2 v_B - v'_g}{v'_g \sqrt{3}} - \arctan \frac{2 v_{Pb} - v'_g}{v'_g \sqrt{3}} \right] \right\} \quad ;$$

$$x_b = x_{b1} + x_{b2} = \int_{v_{Pb}}^{0} \frac{m v\,dv}{-F_b - g_2 v^2} + \int_{v_B}^{v_{Pb}} \frac{m v\,dv}{-\frac{P_b}{v} - g_2 v^2} \qquad (2.25)$$

$$= \frac{m}{2 g_2} \ln \frac{F_b + g_2 v_{Pb}^2}{F_b} + \frac{m}{3 g_2} \ln \frac{v_g'^3 + v_B^3}{v_g'^3 + v_{Pb}^3} \quad .$$

Entsprechend (2.10) wird hier die Abkürzung

$$v'_g = (P_b/g_2)^{1/3} \qquad (2.26)$$

vereinbart, wobei mit (2.22) der Zusammenhang $v'_g = \sqrt[3]{2}\, v_m$ besteht. Der Anteil x_{b1} in (2.25) wird in /20/ für den Fall $G(v) = g_0 + g_2 v^2$ berechnet. Es ergibt sich Übereinstimmung, wenn in (2.25) F_b durch $F_b + g_0$ ersetzt wird.

2.6.2 <u>Die Bewegungsgleichungen bei konstanter Bremsverzögerung</u>

Wie in 2.4.2 für den Anfahrvorgang sollen die Gleichungen der gleichmäßig verzögerten Bewegung angegeben werden. Mit $b_0 = F_b/m$ (im Bereich $v_{Pb} \geq v \geq 0$) und $G(v) = 0$ ergeben sich mit den Anfangswerten $v(0) = v_0$ und $x(0) = x_0$ die Beziehungen

$$v(t) = v_0 - b_0 t \qquad (2.27)$$

$$x(t) = x_0 + v_0 t - \frac{1}{2} b_0 t^2 \qquad (2.28)$$

$$v(x) = \sqrt{v_0^2 - 2b_0\,(x-x_0)} \quad . \qquad (2.29)$$

Die Bremszeit zwischen v_0 und einer Geschwindigkeit v_1 ($v_0 > v_1 \geq 0$) beträgt

$$T_b = \frac{v_0 - v_1}{b_0} \quad , \qquad (2.30)$$

der zugehörige Bremsweg besitzt den Wert

$$x_b = \frac{v_0^2 - v_1^2}{2b_0} \quad . \qquad (2.31)$$

2.6.3 Bremsvorgang bei konstanter Leistung und Vernach-
lässigung des Fahrwiderstands

Der Vollständigkeit halber sollen auch die Bewegungsgleichungen
angegeben werden, die im Bereich konstanter Bremsleistung bei
$G=0$ gültig sind ($v_0 \leq v > v_{Pb}$).

$$v(t) = \sqrt{v_0^2 - 2\,\frac{P_b}{m}t} \tag{2.32}$$

$$x(t) = x_0 - \frac{m}{3P_b}\left(\sqrt{(v_0^2 - 2\,\frac{P_b}{m}\,t)^3} - v_0^3\right) \tag{2.33}$$

$$v(x) = \sqrt{v_0^3 - 3\,\frac{P_b}{m}(x - x_0)} \tag{2.34}$$

2.6.4 Berechnungsbeispiel

Bei der Bremswegberechnung für ein Hochgeschwindigkeitsfahrzeug mit
den Parameterwerten von 2.3 und 2.4.4 soll der Einfluß von
Rücken- und Gegenwind studiert werden. Für den Fahrwiderstand wird

$$G(v) = g_2\,(v + v_w)\,|v + v_w|$$

eingesetzt. Das bedeutet, daß bei der Auswertung des zugehörigen
Integrals analog zu (2.25) unterschieden werden muß, ob bei $v_w < 0$
(Rückenwind) die Fahrzeuggeschwindigkeit v größer als der Betrag der
Windgeschwindigkeit ist oder nicht.

Wie Bild 2.5 zeigt, sind bei den drei dargestellten Fällen (maximal
angenommener Gegen- und Rückenwind sowie $v_w = 0$) erhebliche
Unterschiede in den $v(x)$ - Verläufen zu verzeichnen. Eine "sichere"
Ersatzbremsverzögerung muß so gewählt werden, daß die zugehörige
Bremskurve stets über derjenigen Kurve liegt, die den ungünstigsten
Fall beschreibt. Dies trifft hier auf $b = 0,77$ m/s^2 (vgl. /21/) zu.

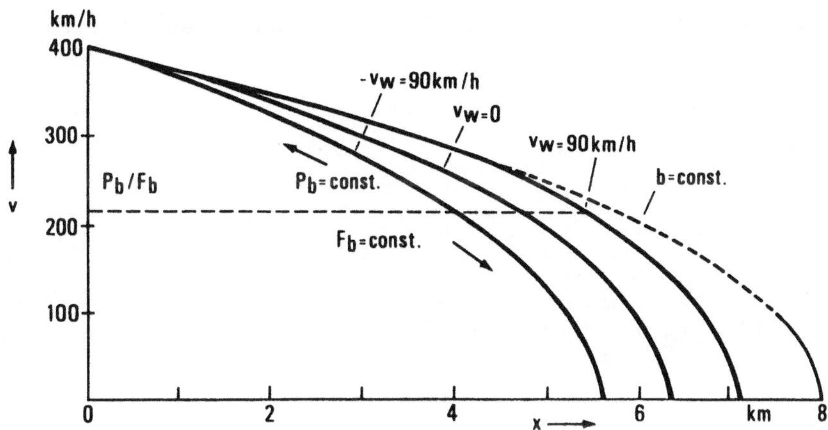

Bild 2.5. Geschwindigkeits-Weg-Diagramm für den Bremsvorgang eines Magnetbahnfahrzeugs mit der Windgeschwindigkeit v_w als Parameter; P_b=6MW, F_b=10^5 N, m=10^5 kg, g_2=3 Ns^2/m^2; "sichere" Ersatzbremsparabel mit b=0,77 m/s^2

2.7 Bewegungsgleichungen für den Ausrollvorgang

Ein weiterer Bewegungszustand ergibt sich, wenn der Antrieb eines Fahrzeugs bei einer bestimmten Geschwindigkeit v_0 abgeschaltet wird und das Fahrzeug, durch den Fahrwiderstand abgebremst, ausrollt. Aus (2.1) folgt für diesen Fall die Differentialgleichung

$$m \frac{dv}{dt} + G(v) = 0 \qquad (2.35)$$

mit den Anfangsbedingungen $v(0) = v_0$, $x(0) = x_0$.

Bei einem Fahrwiderstand $G(v)=g_2 v^2$ erhält man daraus die folgenden
Bedingungen:

$$v(t) = \frac{v_0}{1 + \dfrac{g_2}{m} v_0 t} \quad , \tag{2.36}$$

$$x(t) = x_0 + \frac{m}{g_2} \ln \left(1 + \frac{g_2}{m} v_0 t\right) \quad , \tag{2.37}$$

$$v(x) = v_0 \, e^{-\frac{g_2}{m}(x - x_0)} \quad . \tag{2.38}$$

Das Fahrzeug hat nach der Zeit

$$T_d(v_0,v_1) = \frac{m}{g_2 v_0} \left(\frac{v_0}{v_1} - 1\right) \tag{2.39}$$

die Geschwindigkeit $v_1 < v_0$ erreicht und in dieser Zeit den Weg

$$x_d(v_0,v_1) = \frac{m}{g_2} \ln \frac{v_0}{v_1} \tag{2.40}$$

zurückgelegt. Hier ist anzumerken, daß das Fahrzeug entsprechend
diesen Gleichungen nicht zum Stehen kommen würde ($v_1 = 0$: $T_d \to \infty$).
Die Ursache liegt in der Vernachlässigung des geschwindigkeits-
unabhängigen Fahrwiderstandskoeffizienten g_0. Die angegebenen
Bewegungsgleichungen gelten daher nicht für sehr kleine Geschwindigkeiten, jedoch lassen sich entsprechende Beziehungen für andere
Funktionen von $G(v)$ in gleicher Weise ohne Schwierigkeiten her-
leiten.

2.8 Energieverbrauch

Bei der Berechnung des Energieverbrauchs, der zu einem bestimmten
Bewegungsvorgang gehört, ist die Rechenregel

$$W = \int_{t_1}^{t_2} P(t)dt = \int_{t_1}^{t_2} F(t)v(t)\,dt = \int_{x_1}^{x_2} F(x)dx \qquad (2.41)$$

anzuwenden.

Es läßt sich nicht generell festlegen, welche der drei Formen in
(2.41) am günstigsten ist; jedoch deutet das jeweilige Problem
darauf hin, welcher Ansatz zweckmäßig ist, wie an den nachfolgenden
Beispielen gezeigt wird.

2.8.1 Beschleunigungsvorgang

Beim Beschleunigen eines Fahrzeugs aus dem Stand auf die Betriebsgeschwindigkeit v_B hängt der Energieverbrauch von der Antriebskraft
und von der Antriebsleistung ab. Die Fallunterscheidung (2.5) wurde
bereits in Abschnitt 2.4 bei der Berechnung der Beschleunigungszeiten und -wege berücksichtigt. Diese Ergebnisse können hier verwendet werden. Damit gilt

$$W_a = \int_0^{x_{a1}} F_a\,dx + \int_{T_{a1}}^{T_{a1}+T_{a2}} P_a\,dt = F_a x_{a1}\bigg|_{(0,v_{Pa})} + P_a T_{a2}\bigg|_{(v_{Pa},v_B)}. \qquad (2.42)$$

Für x_{a1} als Beschleunigungsweg bis zur Geschwindigkeit $v_{Pa} = P_a/F_a$
ist (2.8) einzusetzen, für T_{a2} als Beschleunigungszeit zwischen v_{Pa}
und v_B gilt (2.9).

Dieses Ergebnis weicht selbstverständlich von der "Energieformel"
$W_a = m/2\ v^2$ ab, bei der nicht berücksichtigt ist, daß auch der
Fahrwiderstand überwunden werden muß. Der Zusammenhang beider
Beziehungen kann gezeigt werden, indem z.B. für den Teilbetrag

$$W_{al} = F_a x_{al} = F_a\ \frac{1}{2}\ \frac{m}{g_2}\ \ln\ \frac{F_a}{F_a - g_2 v_{Pa}^2} \qquad (2.43)$$

der Grenzübergang $g_2 \to 0$ durchgeführt wird. Mit Hilfe der Regel von
l Hospital erhält man

$$\lim_{g_2 \to 0} W_{al} = \frac{m}{2}\ F_a \lim_{g_2 \to 0}\ \frac{\dfrac{v_{Pa}^2}{F_a - g_2 v_{Pa}^2}}{1} = \frac{m}{2}\ v_{Pa}^2 \quad .$$

2.8.2 Fahrt mit konstanter Geschwindigkeit

Bei konstanter Geschwindigkeit $v = v_0$ ist wegen $dv/dt = 0$ eine
Antriebskraft aufzubringen, die gerade dem Fahrwiderstand
$G(v_0) = g_0 + g_1 v_0 + g_2 v_0^2$ entspricht.
Der Energieverbrauch zwischen den Ortspunkten x_1 und x_2 beträgt

$$W_c(v_0) = \int_{x_1}^{x_2} G(v_0)dx = G(v_0)(x_2 - x_1) \qquad (2.44)$$

$$= (g_0 + g_1 v_0 + g_2 v_0^2)(x_2 - x_1) \quad .$$

2.8.3 Bremsvorgang

Die Energiebilanz beim Bremsvorgang hängt von der Art des Bremssystems ab, das durch den Parameter h charakterisiert wird /16/. Ähnlich (2.42) ergibt sich mit (2.24) und (2.25)

$$W_b = (F_b x_{b1} + P_b T_{b2}) h \qquad (2.45)$$

Im Fall $h = 1$ ist zum Durchführen der Bremsung die Zufuhr von elektrischer Leistung erforderlich. Bei $h = 0$ wird zum Bremsen der Motorstrom abgeschaltet, die erforderliche Bremswirkung wird beispielsweise durch eine mechanische Bremsvorrichtung erzielt.

Eine andere Variante ist die generatorische Verlustbremsung über Bremswiderstände. Der Fall, daß beim Bremsen die kinetische Energie zurückgewonnen werden kann, die in elektrischer Form mit dem Wirkungsgrad e_{NB} ins Netz zurückgespeist wird, ist durch $h = e_{NB}$ berücksichtigt.

3 Planmäßiger Fahrverlauf

Nach der Analyse der einzelnen Bewegungsvorgänge kann ein vollständiges Fahrspiel zwischen zwei Stationshalten mathematisch beschrieben werden, wobei hier überschlägige Formeln ausreichen sollen. Für genauere Berechnungen können die im vorangehenden Abschnitt angegebenen Beziehungen eingesetzt werden (insbesondere (2.8), (2.9), (2.24), (2.25)).

3.1 Fahrdiagramme

Zur Aufstellung eines Fahrplans sind die mit Berücksichtigung der Fahrzeugeigenschaften und der Geschwindigkeitseinschränkungen der Strecke festgelegten Fahrzeiten maßgeblich. Aus dem in Bild 3.1 dargestellten kombinierten $v(x)$-, $v(t)$- und $x(t)$-Diagramm gehen die fahrdynamischen Zusammenhänge besonders anschaulich hervor. Zur Vereinfachung wurde hier von konstanter Beschleunigung und Bremsverzögerung ausgegangen. Anhand dieser Darstellung wird deutlich, daß die Weg-Zeit-Linie $x(t)$ leicht konstruiert werden kann, wenn die Verläufe $v(x)$ und $v(t)$ bekannt sind.

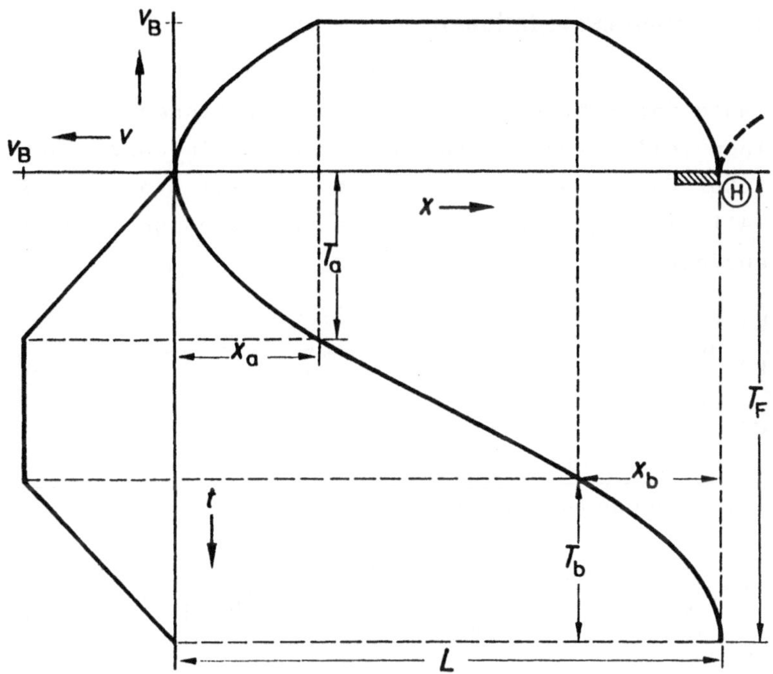

Bild 3.1. v(x)-, v(t)- und x(t)-Diagramm für ein planmäßiges
Fahrspiel zwischen zwei Stationen

3.2 Fahrzeit zwischen zwei Stationen

Zur Bestimmung der Fahrzeit zwischen zwei Stationen sind zunächst
die einzelnen Teilfahrzeiten für die Bereiche Anfahrvorgang, Fahrt
mit konstanter Geschwindigkeit und Bremsung zum Stationshalt zu
addieren. Allgemein gilt bei gegebenem Geschwindigkeitsprofil $v(x)$
für die Fahrzeit

$$T_F = \int_0^L \frac{dx}{v(x)} \tag{3.1}$$

mit L als Stationsabstand sowie

$$T_F = T_a(0,v_B) + \frac{L - x_a(0,v_B) - x_b(v_B,0)}{v_B} + T_b(v_B,0) \tag{3.2}$$

bei dem hier idealisierten Geschwindigkeitsprofil.

Mit den Näherungen

$$T_a(0,v_B) \approx \frac{v_B}{a} \ , \qquad x_a(0,v_B) \approx \frac{v_B^2}{2a} \ ,$$

$$T_b(v_B,0) \approx \frac{v_B}{b} \ , \qquad x_b(v_B,0) \approx \frac{v_B^2}{2b}$$

ergibt sich für die Fahrzeit

$$T_F = \frac{L}{v_B} + \frac{v_B}{2a} \left(1 + \frac{a}{b}\right) \ . \tag{3.3}$$

Bei einer expliziten Berücksichtigung der Begrenzung von Antriebskraft und -leistung sowie von Bremskraft und -leistung sind in (3.2)
die Beziehungen (2.8), (2.9), (2.24) und (2.25) für die Anfahrzeit
T_a, den Anfahrweg x_a, die Bremszeit T_b und den Bremsweg x_b einzusetzen.
Weitere Ansätze zur näherungsweisen Berechnung der Fahrzeit sind
in /22/ angegeben. Sinusförmige Funktionen für die Beschreibung
des Fahrverlaufs zwischen zwei Stationen werden in /23/ benutzt.

3.3 Einfluß von Ruckbegrenzungen

Sollen die Übergänge z.B. vom Beschleunigungsvorgang in die Phase
konstanter Geschwindigkeit oder von der Bremsphase in den Stillstand
des Fahrzeugs nicht abrupt, sondern mit einer Begrenzung des Rucks
vorgenommen werden, sind die zeitlichen Verläufe von Bild 3.2 zu-
treffend. Es enthält die markanten Punkte und Zeitintervalle für
den Ruck $\ddot{v}$, die Beschleunigung bzw. Bremsverzögerung $\dot{v}$, für die Geschwindigkeit v und den zurückgelegten Weg x bei einer Fahrt zwischen zwei Stationen. Die eingetragenen Werte ergeben sich aus den
Bewegungsgleichungen, die folgendermaßen für die zugrunde gelegten
Verläufe definiert sind (zulässiger Ruck q_0):

$$
\begin{array}{lll}
\ddot{v} = q_0 & & 0 \leq t < t_1 \\
\dot{v} = a_0 & & t_1 \leq t < t_2 \\
\ddot{v} = -q_0 & & t_2 \leq t < t_3 \\
v = v_B & \text{für} & t_3 \leq t < t_4 \\
\ddot{v} = -q_0 & & t_4 \leq t < t_5 \\
\dot{v} = -b_0 & & t_5 \leq t < t_6 \\
\ddot{v} = q_0 & & t_6 \leq t < t_7 = T_{FR}.
\end{array}
\tag{3.4}
$$

Damit erhält man für die gesamte Anfahrzeit (zwischen v = 0 und
$v = v_B$)

$$
T_{aR} = \frac{a_0}{q_0} + \frac{\left(v_B - \frac{a_0^2}{2q_0}\right) - \frac{a_0^2}{2q_0}}{a_0} + \frac{a_0}{q_0} = \frac{v_B}{a_0} + \frac{a_0}{q_0} \; ,
\tag{3.5}
$$

für die Bremszeit

$$T_{bR} = \frac{b_0}{q_0} + \frac{(v_B - \frac{b_0^2}{2q_0}) - \frac{b_0^2}{2q_0}}{b_0} + \frac{b_0}{q_0} = \frac{v_B}{b_0} + \frac{b_0}{q_0} \qquad . \qquad (3.6)$$

Der Bremsweg mit Ruckbegrenzung beträgt insgesamt

$$x_{bR} = \frac{v_B^2}{2b_0} \left(1 + \frac{b_0^2}{v_B q_0}\right) \qquad ; \qquad (3.7)$$

dieser Bremsweg ist um die Strecke $\Delta x_b = 1/2\ v_B b_0/q_0$ länger als derjenige der harten Bremsung mit $x_b = v_B^2/2b_0$.
Für die Fahrzeit zwischen zwei Stationen gilt entsprechend Bild 3.2 mit (3.4) und (3.5)

$$T_{FR} = \frac{v_B}{a_0} + \frac{a_0}{q_0} + \frac{L - \frac{v_B^2}{2a_0}\left(1 + \frac{a_0^2}{v_B q_0}\right) - \frac{v_B^2}{2b_0}\left(1 + \frac{b_0^2}{v_B q_0}\right)}{v_B} + \frac{v_B}{b_0} + \frac{b_0}{q_0}$$

$$= \frac{L}{v_B} + \frac{v_B}{2a_0}\left(1 + \frac{a_0}{b_0}\right) + \frac{a_0 + b_0}{2q_0} \qquad . \qquad (3.8)$$

Der Vergleich von (3.8) mit der Fahrzeit ohne Ruckbegrenzung (3.3) zeigt, daß eine Vergrößerung um den Betrag $(a_0 + b_0)/2q_0$ zu verzeichnen ist. Dieser Zuwachs liegt bei einem Wert von $q_0 = 1 m/s^3$ in der Größenordnung einer Sekunde, so daß er im allgemeinen vernachlässigt werden kann. In /24/ wird untersucht, wie sich Ruckbegrenzungen auf den Fahrverlauf bei Kabinenbahnen auswirken.

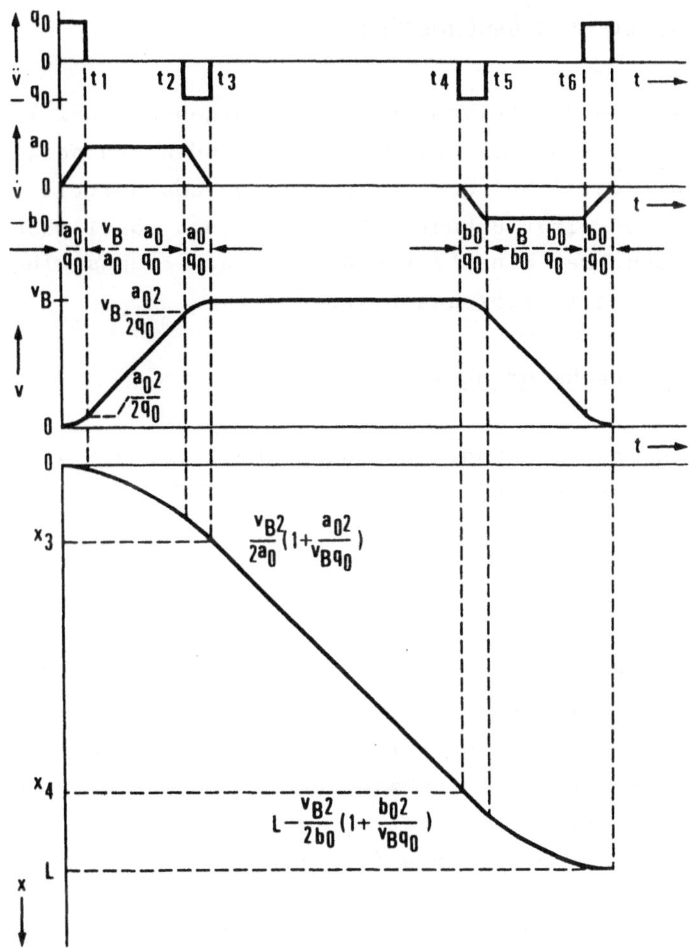

Bild 3.2. Ruck $\ddot{v}$, Beschleunigung $\dot{v}$, Geschwindigkeit v und Position x eines Fahrzeugs als Funktion der Zeit t für ein Fahrspiel mit Ruckbegrenzung

3.4 Berechnung von Betriebskenngrößen

Zur überschlägigen Beurteilung von planmäßigen Fahrspielen sind
Näherungsformeln erforderlich, die im folgenden behandelt und
ausgewertet werden. Dabei geht es um die durchschnittliche Geschwindigkeit auf einer Bahnstrecke und um den spezifischen
Energieverbrauch. Der Einsatz von Datenverarbeitungsanlagen für
diese Aufgabe wird in /25/ beschrieben.

3.4.1 Transportgeschwindigkeit

Zur Abschätzung der Transportgeschwindigkeit v_T, die als durchschnittliche Geschwindigkeit entsprechend

$$v_T = \frac{L}{T_F(0,L) + T_H} \qquad (3.9)$$

definiert wird, kann für die Fahrzeit T_F in (3.9) die Beziehung
(3.3) herangezogen werden. Um einen Vergleich bei verschiedenen
Bahnsystemen zu ermöglichen, wurde nach /11/ in Bild 3.3 die
Abhängigkeit der Transportgeschwindigkeit von der Betriebsgeschwindigkeit v_B und dem (mittleren) Stationsabstand L dargestellt.
Der Parameter T_H beschreibt die (mittlere) Haltezeit beim Zwischenhalt in den Stationen.
In Erweiterung von (3.9) kann für die Fahrt über mehrere Streckenabschnitte mit N_Z Zwischenhalten die Formel

$$v_T = \frac{\sum\limits_{i=1}^{N_Z+1} L_i}{(N_Z + 1)\, T_H + \dfrac{v_B}{2a}\left(1 + \dfrac{a}{b}\right) + \dfrac{1}{v_B} \sum\limits_{i} L_i} \qquad (3.9a)$$

verwendet werden, bei der ebenfalls die idealisierte Fahrzeit (3.3)
eingesetzt worden ist.

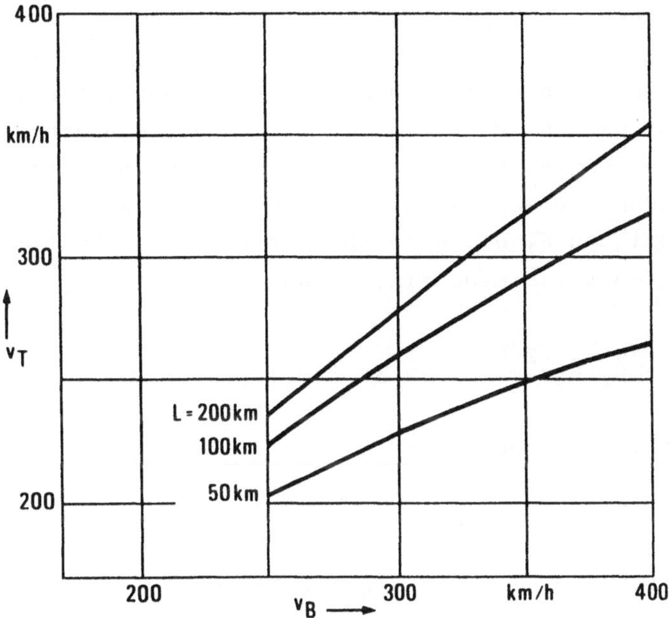

Bild 3.3. Transportgeschwindigkeit v_T als Funktion der Betriebsgeschwindigkeit v_B mit dem Stationsabstand L als Parameter; Stationshaltezeit $T_H=60$ s, (mittlere) Beschleunigung $a=0,5$ m/s^2, (mittlere) Bremsverzögerung $b=1,0$ m/s^2

3.4.2 Energieverbrauch

Bei der Berechnung des Energieverbrauchs für eine Zugfahrt zwischen zwei Stationen soll der in Bild 3.1 dargestellte Fahrverlauf zugrunde gelegt werden. Der zu der Streckenlänge L gehörende Energieverbrauch beträgt allgemein

$$W (0,L) = W_a + W_c + W_b \ .\tag{3.10}$$

Kann in (2.45) h = 0 gesetzt werden (z.B. mechanische Bremse), entfällt der Anteil W_b für die Bremsphase. Bei der Fahrt in der Ebene und mit einem Fahrwiderstand $G(v) = g_2 v^2$ gilt für den Anteil W_c, der sich auf die Phase konstanter Geschwindigkeit v_B bezieht,

$$W_c = g_2 v_B^2 (L - x_a - x_b) .$$

$$(3.11)$$

Die zur Beschleunigung aufzuwendende Energie kann mit Hilfe von (2.42) bestimmt werden. Wenn man sich mit einer einfachen Näherung zufrieden geben möchte, kann die im folgenden hergeleitete Beziehung zur Anwendung kommen. Ausgehend von einer fiktiven mittleren Anfahrbeschleunigung $\bar{a}$, die sich aus dem Anfahrweg bestimmen läßt (vgl. 2.19), findet man eine fiktive Antriebskraft

$$F_f(t) = \bar{a}m + g_2(\bar{a}t)^2 , \qquad (0 \leq t \leq T_a) , \qquad (3.12)$$

die einen Energieverbrauch von

$$W_a = \int_0^{\frac{v_B}{\bar{a}}} F_f(t)v(t)dt = \int_0^{\frac{v_B}{\bar{a}}} (\bar{a}m + g_2(\bar{a}t)^2)\bar{a}t\,dt$$

$$= \frac{m}{2} v_B^2 + \frac{1}{4} g_2 \frac{v_B^4}{\bar{a}} \qquad (3.13)$$

bewirkt. Neben dem Grundanteil $m/2v_B^2$ ergibt sich ein zusätzlicher Term, der näherungsweise den Effekt beschreibt, daß während des Beschleunigens auch der Fahrwiderstand überwunden werden muß. Insgesamt ist damit pro Fahrspiel die Energie

$$W (0,L) = \frac{m}{2} v_B^2 + \frac{1}{4} g_2 \frac{v_B^4}{\bar{a}} + g_2 v_B^2 (L - \frac{v_B^2}{2\bar{a}} - \frac{v_B^2}{2b}) \qquad (3.14)$$

aufzuwenden, wobei für den Anfahr- und Bremsweg in (3.11) mit konstanter Beschleunigung und Bremsverzögerung gerechnet wurde. Eine Anleitung für genauere Berechnungen findet man z.B. in /26/. Auf Fahrstrategien zum energieoptimalen Fahren bei vorgegebener Fahrzeit wird in Abschnitt 6.3 eingegangen.

3.4.3 Einfluß der Betriebsgeschwindigkeit

Für die "globale" Beurteilung von Zugfahrten stehen die Beziehungen
(3.9) (in Verbindung mit (3.3)) und (3.14) zur Verfügung, die mit
einfachen Hilfsmitteln ausgewertet werden können. Beispielsweise
läßt sich sofort die Tendenz angeben, in welchem Maß Transportgeschwindigkeit und Energieverbrauch mit der Erhöhung der Betriebsgeschwindigkeit ansteigen und welche Steigerung des Energieverbrauchs nötig ist, um die Transportgeschwindigkeit um einen gewissen
Betrag zu erhöhen (Bild 3.4). Da bei dieser Darstellung verschiedene
Werte für den mittleren Stationsabstand berücksichtigt werden sollen, ist die Angebe des spezifischen Energieverbrauchs angebracht
(in kWh/km/to). Das vorliegende Beispiel bezieht sich auf die Betriebsparameter von Fernbahnen.
In /27/ wird eine entsprechende ausführliche Untersuchung für den
Nahverkehr mit besonderer Berücksichtigung der Antriebstechnik
durchgeführt. Wirtschaftliche Aspekte der Fragen, ob und wie weit
die Betriebsgeschwindigkeit gesteigert werden sollte, werden in
/28,29/ behandelt.

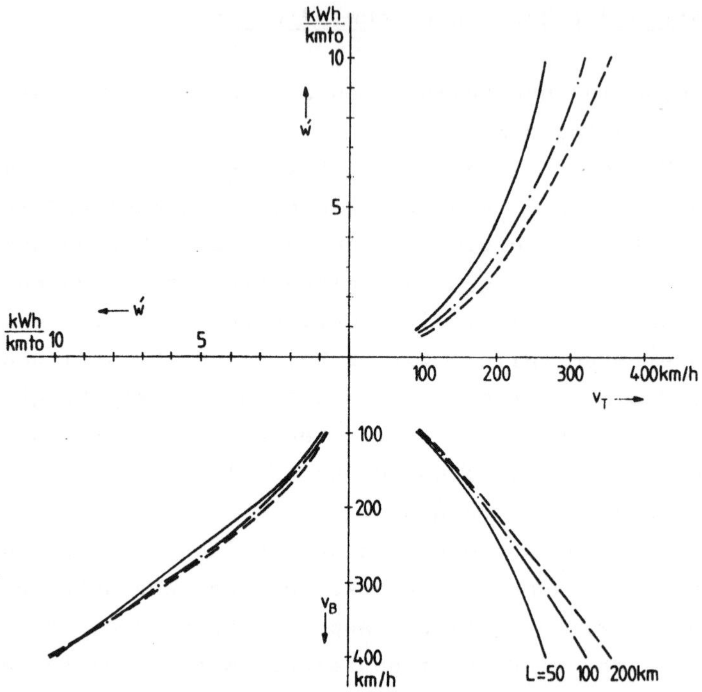

Bild 3.4. Zusammenhang zwischen Betriebsgeschwindigkeit, Transportgeschwindigkeit und spezifischem Energieverbrauch bei verschiedenen Stationsabständen

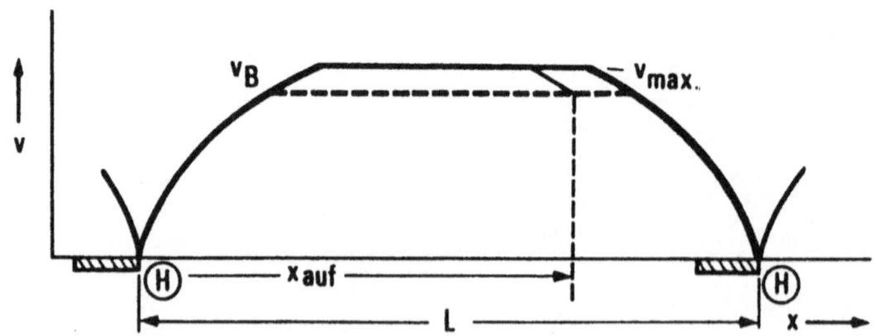

Bild 3.5. Verspätungsaufholung im v(x)-Diagramm; Höchstgeschw. v_{max}, Betriebsgeschw. v_B, Aufholweg x_{auf}

3.5 Geschwindigkeitsreserve und Aufholen von Verspätungen

Im Zusammenhang mit dem planmäßigen Fahrspiel stellt sich auch die Frage nach dem Aufholen von Verspätungen, die sich in der Praxis nicht vermeiden lassen und bei der Planung der Betriebssteuerung berücksichtigt werden müssen. Das Aufholen von Verspätungen ist nur möglich, wenn im Fahrplan eine Geschwindigkeitsreserve vorgesehen ist, d.h. wenn statt v_B zeitweise mit v_{max} gefahren werden kann (Bild 3.5). Es ist zu klären, welche Verspätungszeit zwischen zwei Stationen ausgeglichen werden kann und nach wieviel Kilometern Fahrt eine bestimmte Verspätung aufgeholt ist. Die Aufholzeit pro Streckenabschnitt (Stationsabstand L) beträgt

$$T_{auf}^{(1)} = \left[\frac{L}{k_B v_{max}} - \frac{v_{max}}{2a} \left(1 + \frac{a}{b}\right) \right] (1-k_B) \qquad (3.15)$$

mit dem Verhältnis

$$k_B = \frac{v_B}{v_{max}} < 1 \quad .$$

Die Restverspätung, die nach der Fahrt über mehrere Streckenabschnitte übrig bleibt, sei durch die Größe $T_v^* < T_{auf}^{(1)}$ gegeben. Das Aufholen dieser Restverspätung geht ebenfalls aus Bild 3.5 hervor. Am Aufholpunkt, bei dem hier außerdem wieder mit der Betriebsgeschwindigkeit v_B gefahren wird, ist die Restverspätung vollständig ausgeglichen. Der von der zurückliegenden Station bis dahin zurückgelegte Weg kann durch die Gleichung

$$x_{auf}(T_v^*) = T_v^* \, v_{max} \frac{k_B}{1-k_B} + \frac{v_{max}^2}{2a} k_B \left[1 + \frac{a}{b}(1-k_B) \right] \qquad (3.16)$$

bestimmt werden. Tabelle 3.1 enthält einige Zahlenbeispiele für typische Parameterwerte iniger Bahnen.

	v_B km/h	v_{max} km/h	L km	T_{auf} (1) s	x_{auf} km $\big|$ 1min
Kabinenbahn	50	55	0,5	1,8	16,7
Stadtbahn	80	90	1	2,2	27,4
Fernbahn	200	220	50	76,3	38,5
Magnetbahn	360	400	100	88,9	76,1

Tabelle 3.1. Aufholzeit $T_{auf}^{(1)}$ zwischen zwei Stationen und Aufholweg x_{auf} bei T_v=1 min für verschiedene Bahnsysteme.

3.6 Zugfolge

3.6.1 Weg-Zeit-Diagramm

Nach der Betrachtung einer einzelnen Zugfahrt soll der Betriebsablauf mehrerer Züge im Zusammenhang dargestellt werden, wozu sich
ein einfaches Beispiel gut eignet. Bild 3.6 zeigt einen "Bildfahr-
plan" (schematisches Weg-Zeit-Diagramm) für eine Fahrtrichtung bei
einem Streckennetzabschnitt, der aus zwei Zulaufstrecken, einer
Stammstrecke und zwei Abzweigstrecken besteht. Der planmäßige zeitliche Abstand zwischen zwei Zügen besitzt auf der Stammstrecke den
Wert τ_0, sonst jeweils den Wert 2 τ_0; es handelt sich also um einen
Taktfahrplan, den übersichtlichsten Fahrplan. Auf eine Systematik
der verschiedenen Fahrplanarten wird z.B. in /30-32/ und in Abschnitt 5.1 eingegangen.

3.6.2 Zugfolgezeit und Pufferzeit

Während in Bild 3.6 die Weg-Zeit-Linien stark vereinfacht gezeichnet
wurden, sind diese Kurven in Bild 3.7 für zwei aufeinanderfolgende
Züge mit Angabe der einzelnen Details dargestellt. Aus dieser Dar-
stellung gehen die planmäßige und die minimale Zugfolgezeit bei der
Stationseinfahrt anschaulich hervor. Die Differenz dieser beiden
Größen ist die Pufferzeit r_{12}:

$$r_{12} = \tau_{12} - \tau_{min} \qquad . \qquad\qquad\qquad (3.17)$$

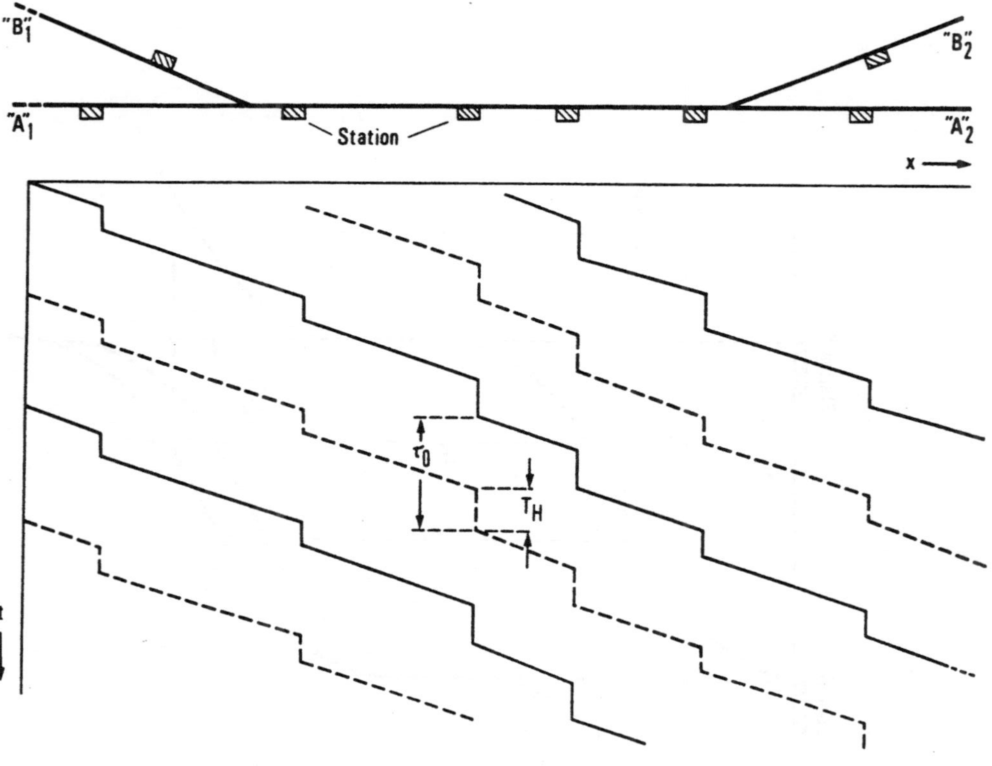

Bild 3.6. Schematisches Weg-Zeit-Diagramm für einen Taktfahrplan

Die Pufferzeit dient als zeitliche Reserve im Fahrplan zur Begrenzung von Folgeverspätungen bei betrieblichen Störungen (siehe Abschnitt 5.2). Die Mindestzugfolgezeit τ_{min} (in Bild 3.7 bezogen auf eine "ideale Abstandssicherung" entsprechend Abschnitt 4.1) hängt vom Verfahren zur Abstandshaltung der Züge ab und wird im folgenden ausführlich behandelt.

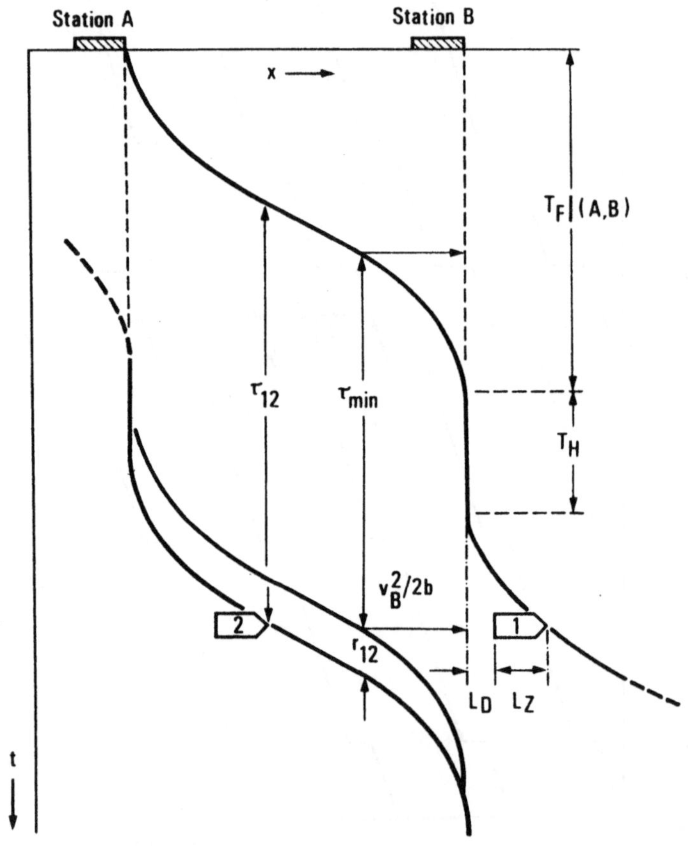

Bild 3.7. Zugfolgezeit τ_{12}, Mindestzugfolgezeit τ_{min} und Pufferzeit r_{12} im x(t)-Diagramm

4 Abstandsicherung und Mindestzugfolgezeit

Die Durchlaßfähigkeit einer Eisenbahnstrecke wird durch die erreichbare Mindestzugfolgezeit ausgedrückt, die als kleinster betrieblicher zeitlicher Abstand zweier aufeinanderfolgender Züge
definiert ist und deren Kenntnis bei der Gestaltung eines realisierbaren Fahrplans vorausgesetzt werden muß. Diese Mindestzugfolgezeit
bezieht sich auf das planmäßige Geschwindigkeitsprofil und wird i.a.
durch den Stationshalt bestimmt, der normalerweise den leistungsbegrenzenden Engpaß einer Eisenbahnstrecke bildet. Allgemein läßt sich
die Bedingung

$$\Delta x_{min}\,(t{=}t_c) = x_1(t_c) - x_2(t_c) = \int\limits_{t_c}^{t_c + \tau_{min}} v_2(t)\,dt \qquad (4.1)$$

mit Δx_{min} als zulässigen Mindestabstand der beiden Züge (Indizes 1
und 2) formulieren, wobei t_c den Zeitpunkt der Freimeldung angibt,
der sich auf den Streckenpunkt bezieht, bei dem τ_{min} für den betrachteten Streckenabschnitt den größten Wert annimmt. Wenn auf
einer Strecke mit mehreren Stationen unterschiedliche Mindestzugfolgezeiten auftreten (z.B. wegen unterschiedlichen Stationshaltezeiten), ist bei der Fahrplanauslegung die größte vorkommende Mindestzugfolgezeit maßgeblich. Für die Geschwindigkeit $v_2(t)$ in (4.1)
ist grundsätzlich die planmäßig vorgesehene Sollgeschwindigkeit
einzusetzen, d.h. es ist stets von der unbehinderten Fahrt bei der
Berechnung der Mindestzugfolgezeit τ_{min} auszugehen. Da diese vom
Verfahren zur Abstandssicherung der Züge abhängt, sollen einige
wichtige derartige Systeme miteinander verglichen werden.
Die Herleitung der zugehörigen Gleichungen kann ohne großen mathematischen Aufwand als systemtheoretische Betrachtung vorgenommen
werden, wobei auf Einzelheiten der technischen Realisierung verzichtet werden kann.

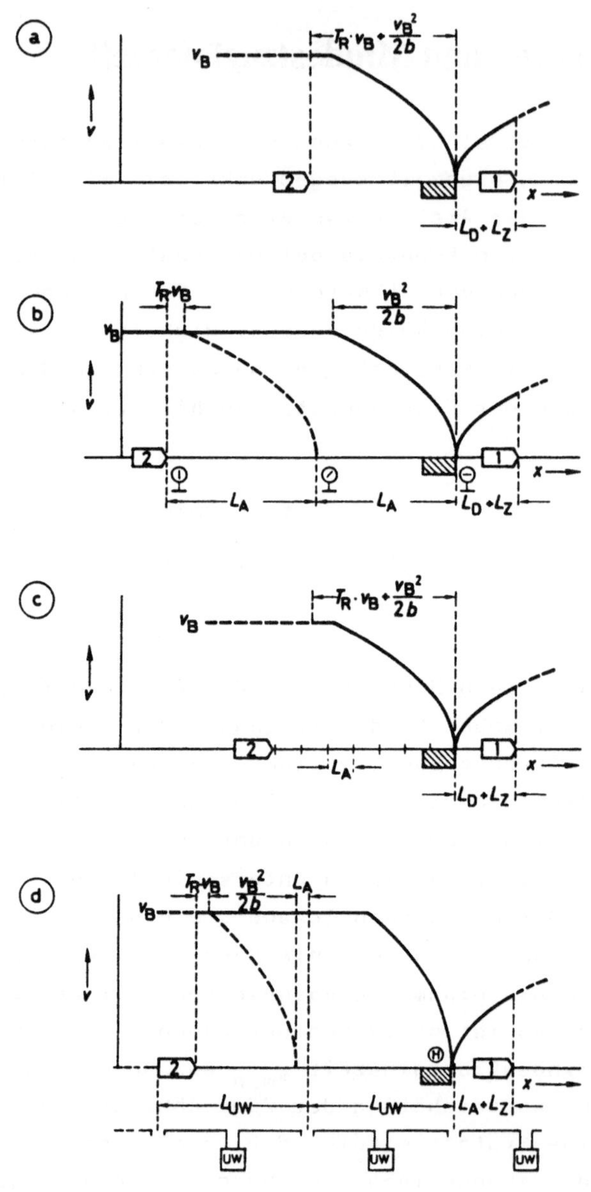

Bild 4.1. Wirkungsweise von Abstandssicherungssystemen im $v(x)$-Diagramm; Reaktionszeit T_R, Durchrutschweg L_D, Zuglänge L_Z; a) Ideale Abstandssicherung, b) Blocksicherung, c) Sicherung auf quantisierten Bremswegabstand (Abschnittslänge L_A), d) Abstandssicherung bei Magnetschnellbahnen

4.1 Ideale Abstandssicherung

Das Schema zur Berechnung der Mindestzugfolgezeit läßt sich besonders einfach bei einer idealen Abstandssicherung demonstrieren,
die durch Überwachung des absoluten Bremswegabstands gekennzeichnet
ist. In Bild 4.1a ist im Geschwindigkeits-Weg-Diagramm bezüglich des
Stationshalts der Zeitpunkt dargestellt, der für die betriebliche
Mindestzugfolgezeit maßgeblich ist. In dieser Situation hat der vorausfahrende Zug 1 die Station geräumt und befindet sich im Abstand
von Durchrutschweg L_D und Zuglänge L_Z vor dem Haltepunkt, der damit
für den nachfolgenden Zug 2 freigegeben ist (vgl. auch Bild 3.7 im
vorangehenden Abschnitt). Dieser fährt mit der Betriebsgeschwindigkeit v_B und befindet sich gerade im zulässigen Abstand hinter dem
Haltepunkt.

Der zulässige Abstand setzt sich hier aus dem Bremsweg und dem
während der Reaktionszeit T_R gefahrenen Weg zusammen.

Zu diesem räumlichen Abstand gehört damit der zeitliche Abstand

$$\tau_{min} = T_R + \frac{v_B}{b} + T_H + \sqrt{2\frac{L_D + L_Z}{a}} \tag{4.2}$$

mit Reaktionszeit, Bremszeit, Haltezeit und Anfahrzeit.

Der Parameter L_D gibt die Länge einer Schutzstrecke an, die für den
Fall einer eventuellen Fehlbremsung vorzusehen ist. Wird bei der
Stationsausfahrt von Zug 1 die Betriebsgeschwindigkeit v_B vor der
Freimeldung erreicht, ist in (4.2) die Wurzel für die Räumzeit durch
den Ausdruck $(v_B/2a + (L_D + L_Z)/v_B)^{1/2}$ zu ersetzen. Dieser Fall tritt
ein, wenn $2a(L_D + L_Z) > v_B^2$ gilt. τ_{min} nach der Formel (4.2) ist
als theoretisches Optimum anzusehen und bietet sich daher als
Vergleichsgröße für andere Verfahren an, bei denen abweichend von
der idealen Abstandssicherung keine kontinuierliche Gleisfreimeldung
zugrunde liegt /33,34,35/.

4.2 Blocksicherung

Es ist schwierig, eine Systematik aller möglichen bzw. realisierten
Varianten mit optischen Signalen an der Strecke anzugeben, da verschiedene Gesichtspunkte eine Rolle spielen:

- Gleisfreimeldung,
- Signalisierung (zwei-, drei- oder mehrbegriffige Signalsysteme; Vor- und Hauptsignale in mehreren Kombinationsmöglichkeiten),
- "Fahrtkontrolle" (durch punktförmig wirkende, ortsfeste Geräte
  wie Geschwindigkeitsprüfeinrichtungen /36/, Fahrsperren /37/
  und die induktive Zugsicherung (INDUSI) /38/, welche die erforderlichen Reaktionen des Fahrens überwachen.

Die Anwendung der verschiedenen Verfahren und Varianten hängt stark
von den Einsatzbedingungen der jeweiligen Bahn ab, beispielsweise
von der Betriebsgeschwindigkeit und von der Sichtbarkeit der Signale. Das nachfolgende Beispiel steht repräsentativ für ähnliche
Signalsysteme, bei denen die Berechnung der Mindestzugfolgezeit in
gleicher Weise verläuft.
Grundsätzlich darf sich bei einer herkömmlichen Blocksicherung mit
optischen Signalen in einem Blockabschnitt der Länge L_A immer nur
ein Zug befinden. Das bedeutet für den Zeitpunkt der Freimeldung bei
der Stationseinfahrt entsprechend Bild 4.1b, daß Zug 2 gerade in den
Blockabschnitt einfahren darf, der an den zum Haltepunkt gehörenden
von Zug 1 freigegebenen Abschnitt grenzt. Während das Ausfahrsignal
am Haltepunkt hinter dem beschleunigenden Zug 1 von "grün" auf "rot"
wechselt, geht das Signal bei Zug 2 von "gelb" auf "grün".
Sein Bremsweg zuzüglich der Strecke $T_R v_B$ darf wegen der Bedingungen

$$L_A \geq T_R v_B + \frac{v_B^2}{2b} \, , \quad v_B \leq v_{max} \qquad (4.3)$$

zu dem dargestellten Zeitpunkt höchstens an das nachfolgende Signal
"anstoßen", das von "rot" auf "gelb" wechselt.

Die Addition der Teilfahrzeiten ergibt

$$\tau_{min} = \frac{2L_A}{v_B} + \frac{v_B}{2b} + T_H + \sqrt{2\frac{L_D+L_Z}{a}} \qquad . \qquad (4.4)$$

Wird die Blocklänge so gewählt, daß in (4.3) die Gleichheitszeichen gültig sind (Anpassung an die Betriebsgeschwindigkeit), erhält man

$$\tau_{min} = \frac{3}{2}\frac{v_B}{b} + 2T_R + T_H + \sqrt{2\frac{L_D+L_Z}{a}} \qquad . \qquad (4.4a)$$

In der Gesamtreaktionszeit T_R sind verschiedene Verzögerungszeiten zusammengefaßt (Signalwechselzeit, Signalaufnahmezeit, Bremsenansprechzeit). Die Strecke L_D kann entweder die Bedeutung einer Schutzstrecke wie in (4.2) haben oder als Durchrutschweg definiert sein, der mit dem Bremsweg nach Auslösen der Zwangsbremse verbunden ist. Diese Maßnahme ist automatisch und gegebenenfalls abhängig von der Zuggeschwindigkeit an geeigneten Ortspunkten einzuleiten, wenn die Betriebsbremse oder der Fahrer versagt haben.

Weitere grundsätzliche Zusammenhänge und detaillierte graphische Darstellungen der zugehörigen Zugbewegungen bei der Stationseinfahrt sind in /34,35/ angegeben, wo u.a. gezeigt wird, wie die Mindestzugfolgezeit bei Stadtschnellbahnen durch Aufstellen von zusätzlichen Zwischensignalen ("Nachrücksignale") verringert werden kann.

4.3 Sicherung auf quantisierten Bremswegabstand

Bei dieser Variante, die sich besonders gut für eine Automatisierung eignet, werden die Freimeldeabschnitte im Hinblick auf ge-
ringe Zugfolgezeiten und gute Flexibilität im Störungsfall relativ
klein gewählt. Der zulässige geschwindigkeitsabhängige Abstand wird
durch eine ganze Zahl von Abschnitten der Länge L_A ausgedrückt (Bild
4.1c), was in der Formel für die Mindestzugfolgezeit durch das Symbol INT deutlich wird.

$$\tau_{min} = \frac{L_A}{v_B} \left[2 + INT \left(\frac{T_R v_B + v_B^2/2b}{L_A} \right) \right] + \frac{v_B}{2b} + T_H + \sqrt{2\frac{L_D + L_Z}{a}} \tag{4.5}$$

Diese Beziehung ist von übergeordneter Bedeutung, da sie die beiden
vorher beschriebenen Fälle $L_A = 0$ und $L_A \geq T_R v_B + v_B^2/2b$ enthält, wie
durch Grenzübergang gezeigt werden kann /39/.

Die in Bild 4.1c dargestellte Situation im v(x)-Diagramm ist so zu
verstehen, daß Zug 2 im nächsten Augenblick in den neuen Freimelde-
abschnitt einfährt und diesen belegt. Der Abstand vom nächsten Ab-
schnittsende bis zum Gefahrenpunkt, der hier dem Zielpunkt entspricht, entspricht der auf ganze Abschnitte aufgerundeten Wegstrecke, bestehend aus dem Bremsweg und dem während der Reaktionszeit gefahrenen Weg. Zur weiteren Erläuterung zeigt Bild 4.2 den
zeitlichen Ablauf bei der Stationseinfahrt im x(t)-Diagramm, in dem
die Freimeldung der einzelnen Streckenabschnitte, bezogen auf den
minimal zulässigen Abstand, deutlich wird.

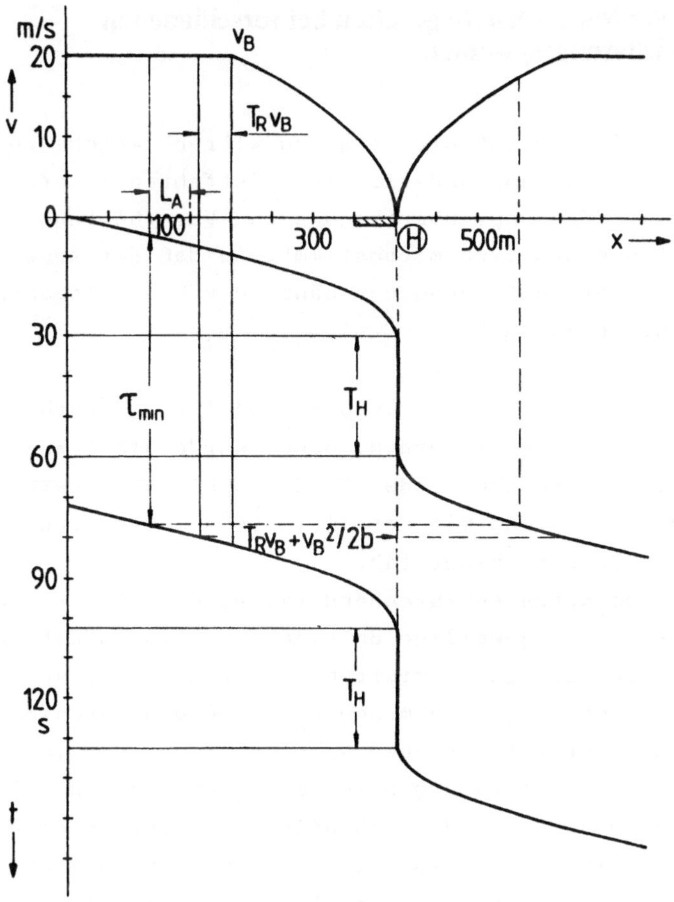

Bild 4.2. Mindestzugfolgezeit bei der Stationseinfahrt, Sicherung auf quantisierten Bremswegabstand

4.4 Vergleich der Mindestzugfolgezeiten bei verschiedenen Abstandssicherungssystemen

Bei der Systemplanung ist die Frage zu klären, welche Zugfolgezeit
mit einem bestimmten Abstandssicherungsverfahren zu erreichen ist.
Davon wird die Erfassung, Übertragung und Verarbeitung von Prozeß-
und Steuerdaten wesentlich mitbestimmt, so daß der Auswahl dieses
Verfahrens mit der Festlegung der Länge der Freimeldeabschnitte besondere Bedeutung zukommt.

Die Funktion $\tau_{min} = f(v_B)$ ist in Bild 4.3 für die vorher diskutier-
ten Varianten dargestellt worden. Dabei wurde die Anwendung für ein
Nahverkehrssystem (Kabinen- oder Stadtschnellbahn) gewählt. Die
ideale Abstandssicherung mit der kleinstmöglichen Mindestzugfolgezeit dient als Vergleichsmaßstab.
Beim Blocksystem wurde entsprechend (4.4a) eine Anpassung der Abschnittslänge an die jeweilige Betriebsgeschwindigkeit vorgenommen,
bei der Sicherung auf quantisierten Bremswegabstand wurden die beiden Abschnittslängen L_A = 25 m und L_A = 100 m berücksichtigt. Die
sägezahnartigen Verläufe ergeben sich dabei aus der INTEGER-Bildung
in (4.5); diese Quantisierungseffekte werden u.a. in /40/ untersucht. Aus dem Diagramm läßt sich ablesen, unter welchen Bedingungen
eine bestimmte Mindestzugfolgezeit erreicht werden kann bzw. um
welchen Betrag ein vorgegebener Wert bei den einzelnen Systemen
unterschritten wird /11/.
Neben den angegebenen Abstandshalteverfahren gibt es selbstverständlich noch weitere Möglichkeiten (vgl. z.B. /41,42,43/.
Grundsätzlich kann die Funktion, nach welcher der zulässige Abstand
zweier Züge von der Geschwindigkeit des nachfolgenden Zuges abhängt,
beliebig sein, wenn nur die Forderung, daß der nachfolgende Zug auch
bei einem plötzlichen Halt des vorausfahrenden Zuges hinter diesem
zum Stehen kommen muß, erfüllt wird.

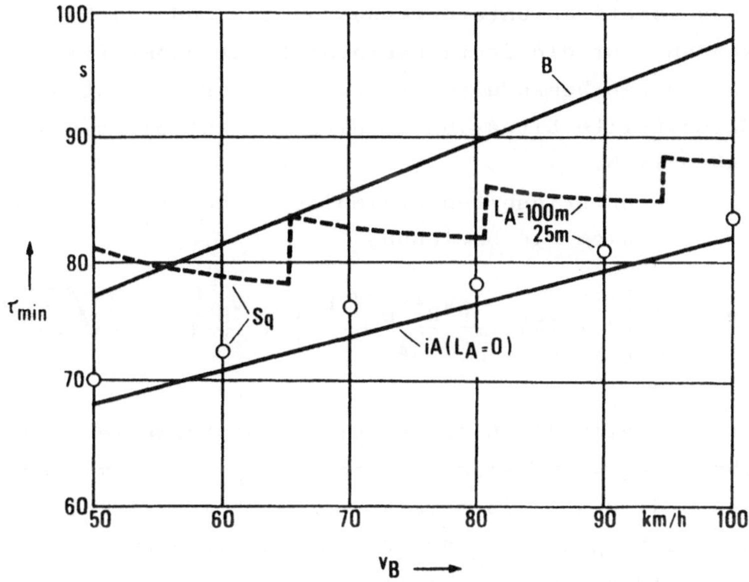

Bild 4.3. Mindestzugfolgezeit τ_{min} als Funktion der Betriebsgeschw. v_B bei Nahverkehrssystemen; Haltezeit T_H=30 s, Betriebsbremsverzögerung b=1,0 m/s^2, Zuglänge L_Z=100 m; B Blocksicherung,
Sq Sicherung auf quantisierten Bremswegabstand, iA ideale Abstand-
sicherung

4.5 Abstandssicherung bei Magnetbahnen

Bei Magnetbahnen ist eine zusätzliche Teilung der Strecke in Ener-
gieversorgungsabschnitte zu berücksichtigen /44,45/. Wegen des
(fahrwegseitigen) Langstatorantriebs bzw. aus Leistungsgründen darf
sich in einem solchen Abschnitt der Länge L_{uw}, der einem Unterwerk
zugeordnet ist, immer nur ein Zug aufhalten. Daraus ergeben sich
besondere Bedingungen für das Abstandshalteverfahren und damit für
die Struktur des Betriebsleitsystems /46,47,48/.

Das Ende eines besetzten Unterwerksabschnitts muß als Gefahrenpunkt angesehen werden. Für die Stationseinfahrt ist daher (im Zusammenhang mit den anderen behandelten Abstandssicherungssystemen) die in Bild 4.1d dargestellte Situation im Hinblick auf die minimale Zugfolgezeit maßgeblich.

Nimmt man für die unterlagerten Freimeldeabschnitte eine konstante Länge L_A an, läßt sich die Beziehung

$$\tau_{min} = \frac{L_{uw}}{v_B} + \frac{L_A}{v_B}\left[2 + \text{INT}\left(\frac{T_R v_B + v_B^2/2b}{L_A}\right)\right] + \frac{v_B}{2b} + T_H + \sqrt{2\frac{L_A+L_Z}{a}} \tag{4.6}$$

angeben, aus der beispielsweise für die Parameterwerte einer Magnetschnellbahn (v_B = 400 km/h, T_H = 60 s, L_{uw} = 10 km) und mit L_A = 100 m eine Mindestzugfolgezeit von ca. 5 min. folgt. Der Einfluß der Parameter v_B und L_{uw} auf die maßgebliche Mindestzugfolgezeit geht aus Bild 4.4 hervor. Weitere Untersuchungen zu den Themen, wie sich die Lage der Station innerhalb eines UW-Abschnitts und eine reduzierte Einfahrgeschwindigkeit auswirkt, findet man in /46/. Darüber hinaus wird in /47/ die Frage beantwortet, welche Verringerung der Mindestzugfolgezeit erzielt werden kann, wenn zwei parallele Bahnhofsgleise (in Spitzenzeiten) abwechselnd befahren werden. Die Synthese von Taktfahrplänen für eine Magnetschnellbahnstrecke und die Bemessung der Unterwerksabschnittslängen im Hinblick auf eine geforderte Zugfolgezeit wird in /48/ behandelt.

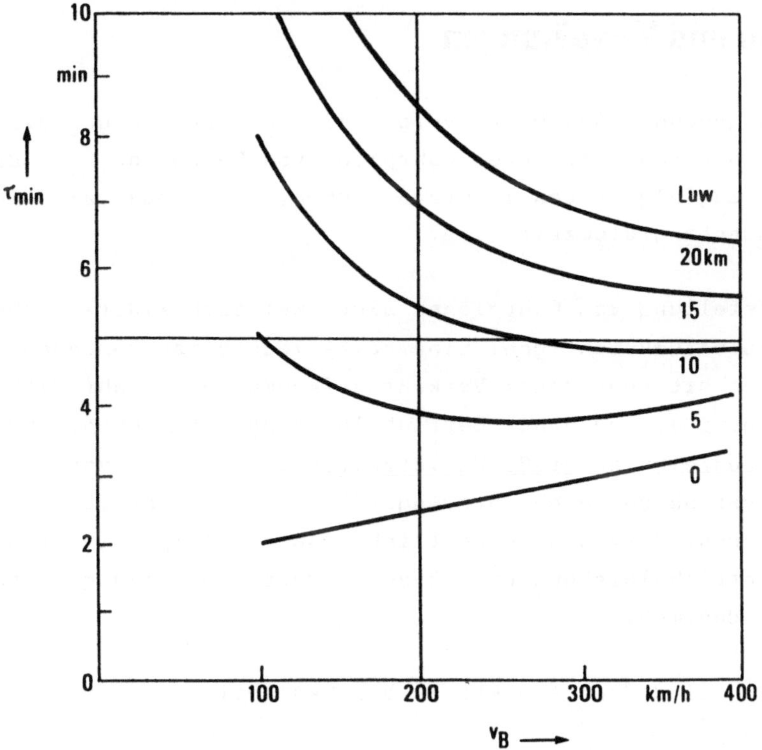

Bild 4.4. Mindestzugfolgezeit τ_{min} als Funktion der Betriebsgeschw. v_B bei Magnetschnellbahnen mit der Unterwerks-Abschnitts-
länge L_{uw} als Parameter; Haltezeit T_H=60s

5 Fahrplan und Verspätungen

Die im vorangehenden Abschnitt vorgestellten Berechnungen sind hinsichtlich eines realisierbaren Fahrplans von Bedeutung, für den natürlich nur Zugfolgezeiten in Frage kommen, die größer als die jeweilige Mindestzugfolgezeit sind.

Bei der Aufstellung von Fahrplänen sind zwei sich widersprechende Tendenzen zu berücksichtigen. Einerseits möchte man zumindest in Spitzenzeiten mit sehr hohem Verkehrsaufkommen eine sehr dichte Zugfolge mit entsprechend hoher Betriebsleistung erreichen, andererseits sind ausreichend große Pufferzeiten im Fahrplan vorzusehen, damit Folgeverspätungen bei Störungsfällen auf ein erträgliches Maß begrenzt werden. Daraus wird deutlich, daß ein Kompromiß zwischen maximaler Betriebsleistung und wünschenswerter Betriebsqualität eingegangen werden muß.

Hauptsächlich sind drei Aspekte zu berücksichtigen /39/:

- Analyse des Betriebsverhaltens,
- Bemessung von planmäßigen Pufferzeiten,
- Ableitung von Zuverlässigkeitsforderungen an das Leitsystem.

Bei der quantitativen Beurteilung des Betriebsverhaltens ist zu unterscheiden in die direkten Reaktionen auf eine betriebliche Störung und die damit verbundene Primärverspätung sowie in eine langfristige Betrachtung, zu der umfangreiche statistische Angaben und wahrscheinlichkeitstheoretische Methoden herangezogen werden müssen.

5.1 Fahrplantypen

Durch den Fahrplan werden Weg-Zeit-Beziehungen für einzelne Fahrzeuge, für "Linien" (Fahrten über bestimmte Fahrwege eines Netzes)
oder für den gesamten Betrieb in einem Fahrwegnetz definiert. Bei
den Betriebsarten kann in "Bedarfsverkehr", der hier nicht weiter
diskutiert wird, und in "Regelverkehr" unterschieden werden, zu
dem ein fest vorgegebener Fahrplan gehört. Bei dessen Einteilung
in Fahrplantypen gibt es hauptsächlich zwei Unterscheidungsmerkmale
(vgl. /31/):

- Häufigkeit der Zugfolgezeiten,
- Anwendungszeitraum einer Fahrplanvariante (z.B. 60 min, 24h).

Im Bild 5.1 sind einige Varianten schematisch dargestellt. Es handelt sich dabei um die Sollabfahrtszeiten in irgendeiner Station für
eine Fahrtrichtung. Den einfachsten Fall stellt ein exakter Taktfahrplan dar, bei dem im Anwendungszeitraum stets dieselbe Zugfolgezeit (Taktzeit) vorgesehen ist (Bild 5.1a). Im Bild 5.1b überlagern
sich zwei Linientakte (z.B. auf einer gemeinsam benutzten Stammstrecke). Ändert sich der Takt mit der Tageszeit wie in Bild 5.1c
dargestellt, kann von einem flexiblen Taktfahrplan gesprochen werden. Bei sehr vielen unterschiedlichen Zugfolgezeiten (Bild 5.1d)
hat ein unbefangener Beobachter den Eindruck, daß eine zufällige
Folge von Fahrten vorliegt.

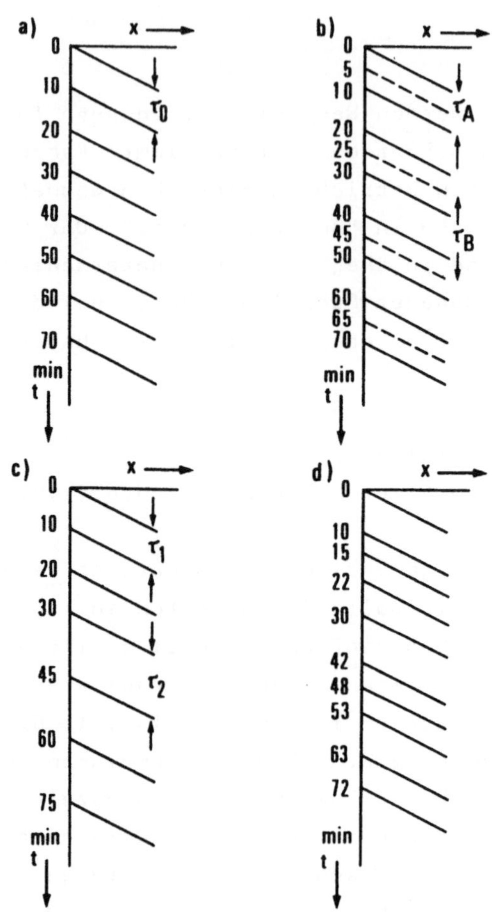

Bild 5.1. Beispiele für Fahrpläne; a) exakter Taktfahrplan,
b) Überlagerung zweier Linientakte A und B, c) flexibler Taktfahrplan (Wechsel von τ_1 auf τ_2 nach t=30 min), d) unregel-
mäßiger Fahrplan

5.2 Primär- und Folgeverspätungen

Eine betriebliche Störung kann beispielsweise durch Ausfälle von
Fahrzeugen und Fahrwegen und des Leitsystems (einschließlich Bedienungspersonal) sowie durch Witterungseinflüsse und Fehlverhalten
von Reisenden entstehen.

Die Auswirkungen einer betrieblichen Störung können u.a. durch die
Verspätungszeitsumme und die Anzahl der verspäteten Züge beurteilt
werden.

Die unmittelbar von einer Störung betroffenen Züge werden als pri-
märverspätet bezeichnet. Die Werte der Primärverspätungen hängen von
der Art der Störung ab, wobei

- der Ort der Störung,
- die räumliche Ausdehnung der Störung,
- die Dauer der Störung,
- die während der Störung zulässige Geschwindigkeit

zu beachten sind /39/. Eine Primärverspätung bestimmt zusammen mit
ihren Folgeverspätungen die Gesamtverspätung pro Störungsfall.

Im Hinblick auf die Prozeßdynamik sind zwei Aussagen von besonderer
Bedeutung:

- Bei einer Abweichung vom planmäßigen Betriebsablauf hängt das
  Fahrverhalten eines Zuges lokal von der Art der Geschwindigkeitsregelung ab, wobei die Konsequenzen für den Fahrkomfort
  und den Energieverbrauch noch zu diskutieren sind.
- Für das asymptotische Betriebsverhalten ist die Pufferzeit
  der entscheidende Parameter, und zwar unabhängig von der Art
  der Störung und von der Fahrweise während und nach der
  Störung.

56

5.2.1 Taktfahrplan

Bei einem exakten Taktfahrplan mit der Taktzeit τ_0 besitzt die
Pufferzeit den Wert

$$r_0 = \tau_0 - \tau_{min} \;,\; \tau_{min} = f(v_B, L_A) \tag{5.1}$$

wie auch aus Bild 3.7 hervorgeht. Tritt auf einer unverzweigten
Strecke eine Primärverspätung T_{v0} auf, dann ist mindestens ein Zug
folgeverspätet, wenn $T_{v0} > r_0$ gilt. Die Anzahl der folgeverspäteten
Züge beträgt

$$n_{vf} = INT\left(\frac{T_{v0}}{r_0}\right) , \tag{5.2}$$

wobei für die Verspätung eines einzelnen Zuges

$$T_v(k) = T_{v0} - kr_0 , \qquad k = 1,\ldots,n_{vf} \tag{5.3}$$

gilt. Dabei ergibt sich mit (5.2)

$$t_{vf} = n_{vf}T_{v0} - \sum_{k=1}^{n_{vf}} kr_0 = n_{vf}\left(T_{v0} - \frac{n_{vf}+1}{2}r_0\right) \tag{5.4}$$

als Summe der Folgeverspätungen. In /5/ wird mit $n_{vf} \approx T_{v0}/r_0$ die
Nährungsformel

$$t_{vf} \approx \frac{T_{v0}}{2}\left(\frac{T_{v0}}{r_0} - 1\right) \tag{5.5}$$

angegeben. Damit ergibt sich als Verspätungszeit pro Störungsfall
bei einem primärverspäteten Zug mit $t_v = T_{v0} + t_{vf}$ die Beziehung

$$t_v = \begin{cases} T_{v0} & \text{für} \quad T_{v0} \leq r_0 \\ \dfrac{T_{v0}}{2}\left(\dfrac{T_{v0}}{r_0} + 1\right) & \quad T_{v0} \leq r_0 \end{cases} \tag{5.6}$$

Die Summenverspätung t_v steigt also quadratisch mit der Primärverspätung an und erreicht bei geringer Pufferzeit r_0 sehr hohe Werte.

5.2.2 Unterschiedliche Zugfolgezeiten

Bei unterschiedlichen Zugfolge- und damit Pufferzeiten ist ähnlich (5.3) für die Verspätungszeit des k-ten folgeverspäteten Zuges

$$T_v(k) = T_v(k-1) - r(k) \qquad (5.7)$$
$$= T_{v0} - r(1) - \ldots - r(k)$$

zu setzen. Hier ergibt sich die Anzahl n_{vf} der folgeverspäteten Züge indirekt aus der Bedingung

$$\sum_{k=1}^{n_{vf}} r(k) < T_{v0} \leq \sum_{k=1}^{n_{vf}+1} r(k) \qquad , \qquad (5.8)$$

bei der $r(k)$ die jeweilige Pufferzeit bezeichnet, die den Zügen zur Verfügung steht. Zur Berechnung der gesamten Verspätungszeit pro Störungsfall kann die Beziehung

$$t_v = T_{v0} + n_{vf} \, T_{v0} - \sum_{k=1}^{n_{vf}} \left[(n_{vf} - k + 1)r(k) \right] \qquad (5.9)$$

benutzt werden.

Die genannten Zusammenhänge sollen anhand eines Beispiels erläutert werden. Bild 5.2 zeigt die zu einem Störungsfall gehörenden (vereinfacht gezeichneten) Zeit-Weg-Linien, wobei die einzelnen Züge durch die Buchstaben A - F gekennzeichnet sind. Zug "B" erleidet vor der ersten Station eine Primärverspätung von T_{v0} = 4 min.

Gesucht sind die einzelnen Folgeverspätungen und die Gesamtverspätung bei einer maßgeblichen Mindestzugfolgezeit τ_{min} = 1,5 min und den folgenden planmäßigen Zeitabständen zwischen den Zügen:

$$\tau_{B,C} = \tau_1 = 3 \text{ min} \qquad r_1 = 1,5 \text{ min}; \quad T_{v1} = 2,5 \text{ min}$$
$$\tau_{C,D} = \tau_2 = 2 \text{ min} \qquad r_2 = 0,5 \text{ min}; \quad T_{v2} = 2,0 \text{ min}$$
$$\tau_{D,E} = \tau_3 = 2,5 \text{ min} \qquad r_3 = 1,0 \text{ min}; \quad T_{v3} = 1,0 \text{ min}$$
$$\tau_{E,F} = \tau_4 = 3 \text{ min} \qquad r_4 = 1,5 \text{ min}; \quad T_{v4} = 0$$

Aus den gegebenen Pufferzeiten r_1 bis r_4 folgt, daß in Übereinstimmung mit der Bedingung (5.8) n_{vf} = 3 Züge folgeverspätet sind; die einzelnen Verspätungswerte T_{v1} bis T_{v3} sind oben aufgeführt; die Fahrt von Zug "F" kann unbeeinflußt durchgeführt werden. Insgesamt ergibt sich durch Summierung der Werte T_{v0} bis T_{v3} oder durch Anwendung von (5.9) eine Verspätungszeit von t_v = 9,5 min.

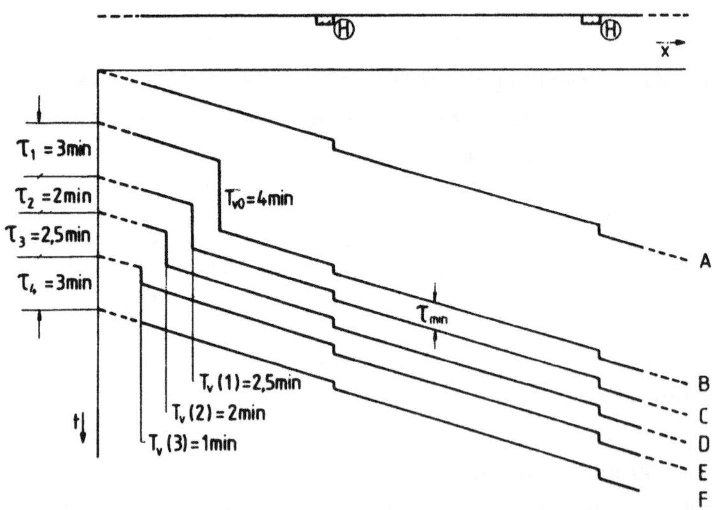

Bild 5.2. Vereinfachte Darstellung eines Störungsfalls im Weg-Zeit-Diagramm (Primärverspätung von Zug "B")

5.3 Erwartete Gesamtverspätung

5.3.1 <u>Wahrscheinlichkeitsverteilung der Primärverspätung und
der Pufferzeit</u>

Um von einzelnen Primärverspätungen auf die Gesamtheit der betrieblichen Störungen übergehen zu können, ist die Kenntnis der Wahr-
scheinlichkeitsverteilung für die Primärverspätungen erforderlich.

Aus verschiedenen statistischen Untersuchungen (u.a. /49,50/) folgt,
daß man mit guter Näherung eine Exponential-Verteilung annehmen
kann, deren Wahrscheinlichkeitsdichte gemäß

$$w(T_{v0}) = \frac{1}{\overline{T}_{v0}} \; e^{-T_{v0}/-\overline{T}_{v0}} \tag{5.10}$$

im Bild 5.3 dargestellt ist.

Kleine Primärverspätungen sind relativ häufig; der Mittelwert
beträgt $\overline{T}_{v0}$.
Wenn auf einer Strecke mehrere Taktzeiten vorkommen, was sowohl
durch die tageszeitliche Verteilung der Zugfahrten als auch durch
die unterschiedliche Bedienunghäufigkeit einzelner Linien bewirkt
werden kann, läßt sich die Pufferzeit ebenfalls als Zufallsvariable
auffassen.
Die relative Häufigkeit der Zeitabstände kann aus den Fahrplänen der
Bahnbetriebe abgeleitet werden.
Bild 5.4 zeigt als Beispiel die Wahrscheinlichkeitsdichte $w_r(r)$
mit $r = \tau - \tau_{min}$ und $\tau_{min} = 1{,}5$ min. Für den planmäßigen Zeitabstand
kommen die Werte 2, 3, 5 und 8 min vor (Stammstrecke der S-Bahn
Kopenhagen, 1978).

Wird die Wahrscheinlichkeit für das Auftreten einer bestimmten
Pufferzeit r_j mit $P_j = w_r(r_j)$ bezeichnet,
gilt $\sum_j P_j = 1$ und für den Mittelwert der Pufferzeit $\overline{r} = \sum_j r_j \, P_j$.

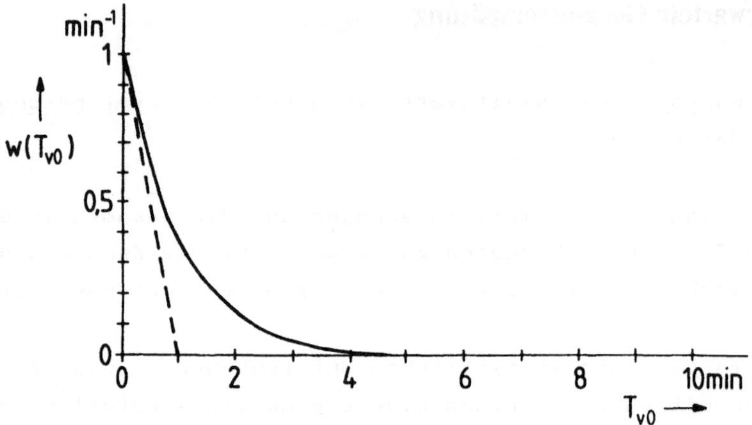

Bild 5.3. Wahrscheinlichkeitsdichte der Primärverspätung, Mittelwert $\overline{T}_{v0}$=1 min

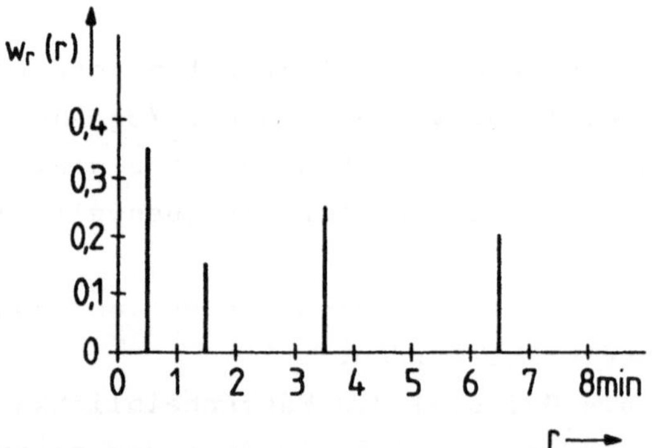

Bild 5.4. Wahrscheinlichkeitsdichte der Pufferzeit, Beispiel mit τ_{min}=1,5 min

5.3.2 Erwartungswert der Verspätung

Bei einer speziellen Störung (Index i) ergibt sich entsprechend
(5.7) und (5.9) die Verspätungszeit

$$t_v(i) = T_{v0}(i) + \left[T_{v0}(i) - r(1,i) + T_{v0}(i) - r(1,i) - r(2,i) \right] \\ + \left[T_{v0}(i) - r(1,i) - r(2,i) - \dots - r(k,i) - \dots - r(n_{vf},i) \right]$$

$$(5.11)$$

bei $n_{vf} = f(T_{v0})$ folgeverspäteten Zügen und mit k als Index für den
jeweiligen Zug. Für die Pufferzeit gilt

$$r(k,i) = \begin{cases} r_1 \text{ mit } P_1 \\ r_2 \text{ mit } P_2 \\ r_j \text{ mit } P_j \end{cases} \qquad (5.12)$$

womit angedeutet wird, daß eine bestimmte Pufferzeit r_j mit der
Wahrscheinlichkeit P_j auftritt. Werden die einzelnen Terme der
Verspätungszeit nach den verschiedenen Pufferzeiten geordnet,
folgt die Darstellung

$$t_v(i) = \sum_{j=1}^{N_r} P_j \, t_v(j) \qquad (5.13)$$

$$= \sum_{j=1}^{N_r} P_j \left[T_{v0}(i) + n_{vf} \left(T_{v0}(i) - \frac{n_{vf}+1}{2} r_j \right) \right] \quad ,$$

woraus erkennbar ist, daß die Beziehungen für konstante Pufferzeiten
entsprechend Abschnitt 5.2.1 angewendet werden können.
Die Erwartungswertbildung erfolgt nach der Rechenvorschrift

$$E(t_v) = \sum_{j=1}^{N_r} P_j \int_0^\infty t_v(T_{v0}, r_j) \, w(T_{v0}) \, dT_{v0} \qquad , \qquad (5.14)$$

bei der die Integration für die stetige Zufallsvariable T_{v0} und die Summation für die diskrete Zufallsvariable r durchzuführen ist. Die Anzahl der verschiedenen Pufferzeiten wird durch das Symbol N_r gekennzeichnet. Mit (5.6) für $t_v = f(T_{v0}, r_j)$ und (5.10) für die Dichte $w(T_{v0})$ der Primärverspätung ergibt sich der Erwartungswert

$$E(t_v) = \sum_{j=1}^{N_r} P_j \, \bar{T}_{v0} \left[1 + e^{-r_j/\bar{T}_{v0}} \left(\frac{\bar{T}_{v0}}{r_j} + \frac{1}{2} \right) \right] \; . \tag{5.15}$$

Wird entsprechend einem Taktfahrplan mit konstanter Zugfolgezeit τ_0 und der zugehörigen Pufferzeit r_0 $N_r = 1$, $P_j = 1$ gesetzt, folgt aus (5.15) nach /39/

$$E(t_v) = \bar{T}_{v0} \left[1 + e^{-r_0/\bar{T}_{v0}} \left(\frac{\bar{T}_{v0}}{r_0} + \frac{1}{2} \right) \right] \; . \tag{5.16}$$

Dieses wichtige Ergebnis gibt an, wie der Erwartungswert der Verspätungszeit pro Störungsfall vom Mittelwert $\bar{T}_{v0}$ exponentialverteilter Primärverspätungen und von r_0 als Pufferzeit des Taktfahrplans abhängt (siehe Bild 5.5). Bei relativ geringer Pufferzeit kann als Näherung

$$E(t_v) \approx \bar{T}_{v0} \left(\frac{\bar{T}_{v0}}{r_0} + \frac{1}{2} \right) \tag{5.17}$$

verwendet werden. Weitere wahrscheinlichkeitstheoretische Modelle und Erweiterungen, z.B. die Berücksichtigung von Streckenverzweigungen bzw. von Streckennetzen, werden in /39/ sowie in /51/ u.a. im Vergleich mit Simulationsergebnissen nach der Monte-Carlo-Methode behandelt. Die angegebenen Beziehungen bieten die Möglichkeit zu einer vereinfachten globalen Beurteilung der Betriebsqualität, wie im folgenden noch näher ausgeführt wird.

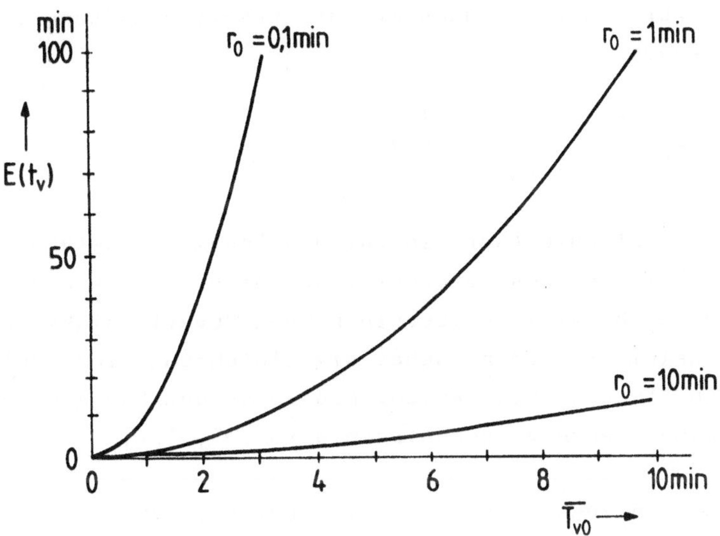

Bild 5.5. Erwartungswert der Verspätungszeit als Funktion der
mittleren Primärverspätung mit der Pufferzeit r_0 als Parameter

5.3.3 Berücksichtigung der Störungshäufigkeit

Wird nach den gesamten Verspätungen t_{VG} in einem bestimmten
Zeitintervall T_B gefragt, in dem die Zahl von N_{st} Störungen
auftritt, dann gilt

$$t_{VG} = \sum_{i=1}^{N_{st}} t_v(i) \tag{5.18}$$

mit $t_v(i)$ als Verspätungszeit für den einzelnen Störungsfall. Mit
(5.17) und mit der Störungsrate

$$\lambda_{st} = \frac{N_{st}}{T_B} \tag{5.19}$$

ergibt sich für den Erwartungswert der Gesamtverspätung pro
Betriebszeitraum

$$\frac{E(t_{VG})}{T_B} \approx \lambda_{st}\, \overline{T}_{vO}\ \left(\frac{\overline{T}_{vO}}{r_0} + \frac{1}{2} \right)\ .$$ (5.20)

Wird eine Erträglichkeitsgrenze für die Gesamtverspätung vorgegeben,
läßt sich die mindestens erforderliche Pufferzeit berechnen (vgl.
insbesondere auch /49/); weiterhin können Zuverlässigkeitsforderungen abgeleitet werden, wobei die Einführung einer zulässigen
spezifischen Störungsrate (Anzahl pro Zeit- und Längeneinheit) für
eine Eisenbahnstrecke vorgeschlagen wird /39, 52/.

Darüber hinaus erkennt man anhand von (5.20), daß die Vergrößerung
der Pufferzeit durch eine Verringerung der Mindestzugfolgezeit
entsprechend (5.1) im Hinblick auf eine kleine Gesamtverspätung
nicht ohne weiteres sinnvoll ist, da eine sehr kleine Mindestzugfolgezeit (z.B. in der Nähe des theoretischen Minimums) durch
hohen technischen Aufwand erkauft wird, der wiederum die Zuverlässigkeit des Betriebsleitsystems und damit die Rate der betrieblichen Störungen negativ beeinflußt.

In /39/ sind Ansätze angegeben, wie die wirtschaftlich optimale
Länge der Freimeldeabschnitte bestimmt werden kann.
An dieser Stelle wird ganz besonders deutlich, daß derartige Überlegungen und systematische Untersuchungen bereits in den Entwurf
eines Betriebsleitsystems einfließen sollten.

6 Ansätze zur optimalen Steuerung des Betriebs

6.1 Optimierungsaufgaben

Bei jeder Optimierungsaufgabe sind zunächst die Optimierungsziele
mit ihren Rand- und Nebenbedingungen klar zu definieren.

Für den spurgebundenen Verkehr lautet das Gesamtziel, einen
pünktlichen und sicheren Betrieb mit hoher Betriebsleistung
und gutem Fahrkomfort bei möglichst geringen Betriebskosten
zu realisieren.

Da eine mathematische Formulierung dieses Ziels als Gütekriterium
weder möglich erscheint noch sinnvoll ist, muß eine Aufteilung in
verschiedene Optimierungsaufgaben erfolgen, was auch im Hinblick
auf die noch zu behandelnde "natürliche" Arbeitsteilung innerhalb
des Steuerungssystems vorteilhaft ist.

Entsprechend den Begriffen "statische Optimierung" und "dynamische
Optimierung" ist hier in Fragen wie Auswahl und Bemessung wesentlicher Betriebsparameter sowie in dynamische Probleme der Prozeß-
steuerung zu unterscheiden. Einige Stichworte zu den einzelnen
Gebieten seien kurz aufgeführt.

Zum Themenkomplex "Betriebsplanung", von dem einige Aspekte bereits
in den vorhergehenden Kapiteln behandelt wurden, gehören u.a. die
Punkte

- optimal-wirtschaftliche Betriebsgeschwindigkeit /29,53/,
- Fahrplanoptimierung, z.B. mit der Wahl der Geschwindigkeits-
  reserve bzw. des Zeitrückhalts bezüglich des planmäßigen
  Fahrverlaufs /54/,
- Bemessung der Pufferzeit /39,49/.

Bei der Auslegung des Steuerungssystems ergeben sich Optimierungsaufgaben z.B. bei den folgenden Zielgrößen:

- Aufwand für die Datenübertragung und -verarbeitung bei vor-
  gegebenen Leistungs- und Zuverlässigkeitsanforderungen,
- Länge der Freimeldeabschnitte für die Abstandssicherung der
  Fahrzeuge /39/,
- Struktur und Parameter der Bewegungsregelung bei vorgegebenem
  Übergangsverhalten /55, 56/,
- Minimierung der Gesamtverspätung bei Störungsfällen /11/.

Die Frage der Strukturoptimierung bei Bahnsteuerungssystemen wird
im übrigen noch in Kapitel 7 diskutiert.

Probleme der dynamischen Prozeßoptimierung, bezogen auf

- zeitoptimale,
- energieoptimale,
- "zustandsoptimale" Fahrweisen

werden im folgenden behandelt. Zur Lösung dieser Aufgaben ist zu
klären, welche Optimierungsverfahren hier bevorzugt angewendet
werden sollen. Bei diesen Verfahren kann in direkte numerische Methoden, die eine spezielle Lösung eines Problems liefern (vgl. u.a.
/57/ und die "dynamische Programmierung" /58, 59/), und in indirekte
Verfahren unterschieden werden; zu diesen gehören insbesondere die
Methoden der klassischen Variationsrechnung nach Euler, Lagrange und
Hamilton sowie das Maximumprinzip von Pontrjagin, mit denen eine
analytische Lösung angestrebt wird (z.B. /60-65/). Dabei ist von
einem mathematischen Modell des Prozesses und von geeigneten Güte-
kriterien auszugehen.

Bei der Modellierung der Betriebsvorgänge in einem Bahnsystem (vgl. auch /17/) sind sowohl stetige deterministische Prozesse (z.B. die Zugfahrten) als auch überlagerte diskrete Prozesse (z.B. das Stellen der Weichen) sowie stochastische Einflüsse (z.B. bei Störungen) zu berücksichtigen. Da im Rahmen dieser Ausführungen die speziellen Probleme des Bahnbetriebs im Vordergrund stehen sollen, und es hauptsächlich um die Anwendung der Optimierungsverfahren geht, wird auf eine strenge mathematische Behandlung verzichtet.

Bei der Ableitung der einzelnen Kriterien und Fahrstrategien wird hier generell davon ausgegangen, daß der Abstand zweier Stationen (Haltepunkte) und das zu diesem Streckenbereich gehörende zulässige Geschwindigkeitsprofil bekannt sind. Bei den zur Diskussion stehenden zeit-, energie- und "zustandsoptimalen" Fahrweisen ist jeweils die Fahrzeit bis zum nächsten planmäßigen Halt die entscheidende Größe, da der Fahrplan im Bahnbetrieb naturgemäß eine sehr hohe Bedeutung besitzt.

Im einzelnen stellen sich die Fragen, wie die minimale (zulässige) Fahrzeit erreicht werden kann, wie bei vorgegebener Fahrzeit der Energieverbrauch minimiert werden kann und welche ("zustands-optimale") Fahrweise angebracht ist, wenn sich der Sollankunfts-zeitpunkt eines Fahrzeugs in der nächsten Station während der Fahrt ändert, was z.B. durch das unvorhergesehene Fahrverhalten anderer Fahrzeuge bewirkt werden kann.

Ziele der folgenden Betrachtungen sind die Beantwortung der Fragen, wo die theoretisch erreichbaren Grenzen bei den einzelnen Problemen liegen, und die Ermittlung von praktisch anwendbaren Steueralgorithmen.

6.2 Zeitoptimale Fahrweise

In diesem Zusammenhang ist mit zeitoptimaler Fahrweise diejenige Strategie gemeint, mit der die minimale Fahrzeit zwischen zwei Stationen erreicht werden kann. Es leuchtet sofort ein, daß hier der zulässige Spielraum für die Zustands- und Steuergrößen voll ausgenutzt werden muß. Es gilt das Kriterium

$$\int_0^{T_F} dt \ => \ MIN \tag{6.1}$$

mit den Nebenbedingungen

$$\int_0^{T_F} v\,dt = x(T_F) - x(0) = L \tag{6.2.}$$

(mit L als Stationsabstand) und

$$\int_0^{T_F} v\,dt = v(T_F) - v(0) = 0 \tag{6.3}$$

sowie den Beschränkungen

$$F \ \leq \ \begin{cases} F_0 & \text{für} \quad v \leq v_P \\ \dfrac{P_0}{v} & \qquad\quad v > v_P \end{cases} \ , \tag{6.4a}$$

$$|\ddot{v}| \leq q_0 \ , \tag{6.4b}$$

$$|\dot{v}| \leq a_0 \ , \tag{6.4c}$$

$$v \ \leq v_{zul} \tag{6.4d}$$

für Antriebskraft, Leistung, Ruck, Beschleunigung und Geschwindigkeit.

Bei der Ermittlung der zulässigen Geschwindigkeit ist von der Fahr-
zeughöchstgeschwindigkeit und den streckenspezifischen Geschwindigkeitsbeschränkungen der jeweils kleinere Wert auszuwählen.
Die einzelnen Beschränkungen werden aus dem in Bild 6.1 skizzierten
Beispiel für ein zeitoptimales v(x) deutlich.

Dieses Diagramm enthält ein zu berücksichtigendes zulässiges Geschwindigkeitsprofil $v_{zul}(x)$. Die volle Ausnutzung des zur Verfügung
stehenden Spielraums wird z.B. daran erkannt, daß die Bremsungen so
spät wie möglich eingeleitet werden und die volle Betriebsbremsverzögerung zum Einsatz kommt.

Bild 6.1 enthält weiterhin den Verlauf der Antriebskraft, der zu
dem gezeichneten Fahrverlauf v(x) gehört. Dabei ergeben sich folgende Bereiche: Fahrt mit maximaler Antriebskraft beim Anfahren,
Übergang in den Bereich maximaler Antriebsleistung bei $v > v_{Pa} <$
v_{max} (vgl. Abschnitt 2.3), Überwindung des Fahrwiderstands bei Fahrt
mit v_{max}, Abbremsen auf die vorgeschriebene Langsamfahrgeschwindig-
keit, Überwindung des Fahrwiderstands im Bereich der Langsamfahr-
stelle, Vorgabe maximaler Antriebskraft bzw. Antriebsleistung zum
erneuten Beschleunigen, Abbremsen auf der Zielbremsparabel zur
Stationseinfahrt. Dabei wurde der Effekt der Ruckbegrenzung bei den
einzelnen Übergängen vernachlässigt (vgl. Abschnitt 3.3). Zur
Berechnung der einzelnen Weg- und Zeitintervalle sei auf die Ausführungen in den Abschnitten 2.4 und 2.5 verwiesen. Abschließend sei
vermerkt, daß zur Realisierung dieser Fahrweise (theoretisch) eine
Verarbeitung der "Sicherungsinformationen" ausreicht.

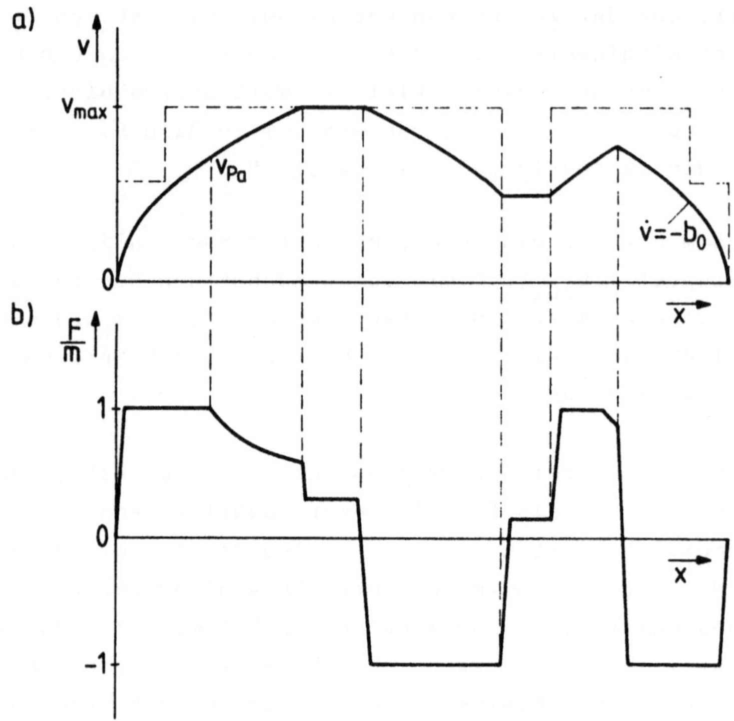

Bild 6.1. Verläufe für minimale Fahrzeit; a) Geschwindigkeits-
Weg-Diagramm, b) dazu gehörender Verlauf der normierten Antriebskraft

6.3 Energieoptimale Fahrweise

Unter der energieoptimalen Fahrkurve für eine bestimmte Strecke
wird, wie es in der Theorie der optimalen Steuerung üblich ist,
diejenige Trajektorie (Fahrkurve) verstanden, bei der für eine fest
vorgegebene Fahrzeit der Energieverbrauch minimal wird. Die Frage,
mit welchem Energieverbrauch eine bestimmte Transportgeschwindigkeit erreicht werden kann, steht hier nicht zur Diskussion, da
dieser Punkt beim Bahnbetrieb bereits vor der Fahrplanerstellung
geklärt sein muß (vgl. /54/).

6.3.1 Sollfahrzeit

Zur Anwendung einer energieoptimalen Fahrstrategie muß die zur
Verfügung stehende Fahrzeit zwischen zwei Stationshalten bekannt
sein, die sich nach dem vom Fahrplan vorgesehenen Abfahrts- und
Ankunftszeitpunkt (t_{ABP} und t_{ANP}) richtet. Bei exakter Einhaltung
des Fahrplans gilt für die planmäßige Fahrzeit zwischen den
Stationen "j" und "j-1"

$$T_{FP} = t_{ANP}(j) - t_{ABP}(j-1) \quad . \tag{6.5}$$

Wird der Zeitpunkt t_{ABP} bei der Abfahrt in einer Station über-
schritten, ist eine Fahrzeit $T_F < T_{FP}$ vorzugeben, um die erlittene
Verspätung möglichst einzuholen oder wenigstens zu verringern. Darf
der Zug die Station auf Grund vollständiger Abfertigung vor dem
Zeitpunkt t_{ABP} verlassen, reicht eine Fahrzeit $T_F > T_{FP}$ aus, um die
nächste Station zum Zeitpunkt t_{ANP} zu erreichen. Damit gilt für die
Sollfahrzeit

$$T_F \underset{<}{\overset{>}{=}} T_{FP} \quad \text{für} \quad t_{AB} \underset{>}{\overset{<}{=}} t_{ABP} \tag{6.6}$$

mit der Beschränkung $T_F > T_{Fmin}$ entsprechend dem in 6.2 behandelten
zeitminimalen Vorgang.

Zu einer bestimmten Fahrzeit gehört eine bestimmte Geschwindigkeit v_c für den Bereich der "Beharrungsfahrt".

Wird das in Bild 3.1 dargestellte idealisierte Geschwindigkeitsprofil $v(x)$ herangezogen, ist für die Beharrungsgeschwindigkeit v_c bei $T_F = T_{Fmin}$ die Höchstgeschwindigkeit v_{max}, bei $T_F = T_{FP}$ die Betriebsgeschwindigkeit v_B einzusetzen.

Allgemein gelten die folgenden Beziehungen:

$$T_F = \frac{L}{v_c} + \frac{v_c}{2a}\left(1 + \frac{a}{b}\right) \qquad (6.7)$$

$$T_{FP} = \frac{L}{v_B} + \frac{v_B}{2a}\left(1 + \frac{a}{b}\right) \qquad (6.8)$$

$$T_{Fmin} = \frac{L}{v_{max}} + \frac{v_{max}}{2a}\left(1 + \frac{a}{b}\right) \,. \qquad (6.9)$$

Für die Funktion $v_c = f(T_F)$, also die Zuordnung der Beharrungsgeschwindigkeit v_c, läßt sich damit

$$v_c = \frac{aT_F}{1 + a/b}\left(1 - \sqrt{1 - \frac{L(1+a/b)}{\frac{1}{2}\,aT_F^2}}\,\right) \qquad (6.10)$$

oder mit Einsetzen des Parameters L nach (6.8)

$$v_c = \frac{aT_F}{1 + a/b}\left(1 - \sqrt{1 - \left(\frac{T_{FP}}{T_F}\right)^2 + \left[1 - \frac{v_B(1+a/b)}{aT_F}\right]^2}\,\right) \qquad (6.11)$$

schreiben. Daraus wird ersichtlich, daß für $T_F = T_{FP}$ die Forderung $v_c = v_B$ erfüllt ist.
Den Verlauf der Funktion $v_c = f(T_F)$ zeigt Bild 6.2 für die typischen Parameterwerte einer Nahverkehrsstrecke.

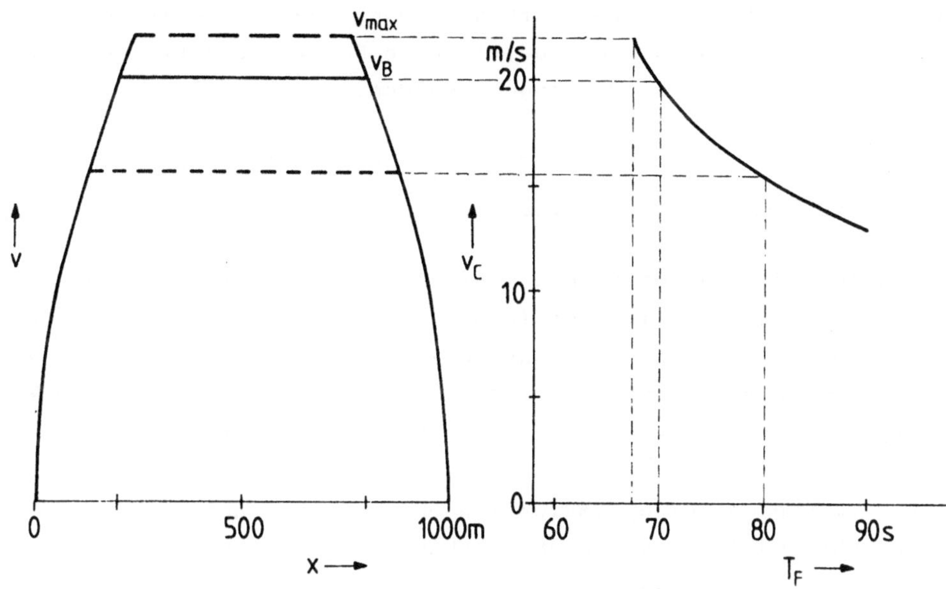

Bild 6.2. Fahrt mit vorgegebener Fahrzeit; a) v(x) - Verläufe
b) Abschaltgeschwindigkeit v_C als Funktion der Fahrzeit T_F

In der Vorgabe der Geschwindigkeit v_c besteht die einfachste
Möglichkeit, ein von der Sollfahrzeit T_F abhängiges Fahrprogramm zu
realisieren. Welcher Energieverbrauch damit verbunden ist und wie
dieser eventuell durch eine modifizierte Fahrweise verringert werden
kann, soll im folgenden untersucht werden.

6.3.2 <u>Allgemeiner Optimierungsansatz</u>

Das Problem, die Fahrweise mit minimalem Energieverbrauch zu
bestimmen, kann mit Hilfe der Theorie optimaler Steuerungen gelöst
werden. Während in /16/ eine ausführliche Herleitung angegeben wird,
soll hier nach der exakten Formulierung der Aufgabenstellung die
Anwendung der Ergebnisse von /16/ im Vordergrund stehen.

Zur Bestimmung energieoptimaler Trajektorien bei gegebenem
Stationsabstand L und vorgegebener Fahrzeit T_F wird ein Optimierungsansatz über das Gütefunktional

$$W = \int_0^{T_F} F(t)v(t)dt \Rightarrow MIN, \; T_F \text{fest}, \tag{6.12}$$

gewählt. Um neben einer mechanischen Bremse auch andere Bremssysteme zu berücksichtigen, wird das Gütefunktional in der Form

$$W = m \int_0^{T_F} u_h \; vdt \tag{6.13}$$

geschrieben, wobei die Steuerfunktion mit $u = F/m$ durch

$$u_h = \begin{cases} u & h = 1 \\ 1/2\ (u + |u|) & \text{für} \quad h = 0 \\ u & h = -1 \end{cases} \tag{6.14}$$

im eingeschränkten Bereich $-u_b \leq u \leq u_a$ definiert wird.

Wie bereits in Abschnitt 2.8.3 ausgeführt wurde, ist im Fall h=1 elektrische Energie zum Bremsen zuzuführen, bei h=0 wird beim Bremsen elektrische Energie weder gewonnen noch aufgewendet, der Fall der idealen Nutzbremsung (Rückspeisung ins Netz) wird durch h=-1 beschrieben.

Die Nebenbedingungen lauten hier in integraler Form (vgl. Abschnitt 6.2) mit (6.2) und (6.3):

$$\int_0^{T_F} v(t)dt = L \ ,$$

$$\int_0^{T_F} v(t)dt = 0 \ .$$

Der zu steuernde Prozeß wird durch

$$\dot{v} = \frac{F(v) - G(v)}{m} = u-(\gamma_0 + \gamma_1 v + \gamma_2 v^2) \tag{6.15}$$

mit $u = F/m$, $\gamma_0 = g_0/m$, $\gamma_1 = g_1/m$, $\gamma_2 = g_2/m$

beschrieben.

Das Maximumprinzip von Pontrjagin liefert die optimale Steuerungs-
funktion u*, die das Gütefunktional W unter Berücksichtigung der
Nebenbedingungen und der Beschränkung der Steuergröße u minimiert.
Dazu wird die Hamilton-Funktion H(u) untersucht, die für u = u*
maximal wird. Sie lautet bei den vorliegenden Problemen mit den
Beziehungen (6.13) bis (6.15)

$$H_h = -u_h v + \lambda_1 v + \lambda_2 \left[u - (\gamma_0 + \gamma_1 v + \gamma_2 v^2) \right] \ . \tag{6.16}$$

Dabei werden die Multiplikatoren λ_1 und λ_2 als Hilfsgrößen
eingeführt.

Tritt der Fall auf, daß die Hamilton-Funktion bereichsweise, d.h.
bei bestimmten Parameterwerten, unabhängig von der Steuergröße u
ist, spricht man von einer singulären Lösung, anderenfalls von der
regulären Lösung. Außerdem ist das Hamiltonsche kanonische System zu
beachten. Es muß gelten:

$$\frac{\partial H}{\partial \lambda_1} = \dot{x} = v \tag{6.17a}$$

$$\frac{\partial H}{\partial \lambda_2} = \dot{v} \tag{6.17b}$$

$$- \frac{\partial H}{\partial x} = \dot{\lambda}_1 \tag{6.17c}$$

$$- \frac{\partial H}{\partial v} = \dot{\lambda}_2 \ . \tag{6.17d}$$

Mit diesen Beziehungen läßt sich (vgl. z.B./60-65/ und speziell
/16, 66, 67/) die energieoptimale Fahrstrategie, d.h. der prinzi-
pielle Verlauf des anzuwendenden Steuerungsprogramms, zu dem mehrere
Phasen jeweils mit u = const gehören, bestimmen. Die quantitative
Berechnung der zugehörigen Umschaltpunkte, mit denen letztlich eine
Minimierung des Energieverbrauchs bei einer Fahrt zwischen zwei
Stationen bei vorgegebener Fahrzeit entsprechend der Forderung
(6.12) erzielt wird, ist i.a. allerdings recht aufwendig.

Ohne weitere Herleitung soll zusammengefaßt werden, welche Aussagen
die Anwendung des Pontrjaginschen Maximumprinzips auf das vorliegende Optimierungsproblem liefert:

- die optimale Steuergröße $u^*(t)$ ist bereichsweise konstant und
  kann die Werte $u = u_a$, $u = G(v_c)/m = \gamma_0 + \gamma_1 v_c + \gamma_2 v_c^2$, $u = 0$
  und $u = -u_b$ annehmen;

- die speziellen Parameterwerte (z.B. Streckenlänge L, Fahrzeit
  T_F) entscheiden, ob ein Steuerungsprogramm mit zwei, drei
  oder vier Phasen optimal ist;

- zur Bestimmung der Umschaltpunkte sind i.a. numerische
  Lösungen erforderlich, bei denen die Nebenbedingungen (6.2)
  und (6.3), die Prozeßgleichung (6.15) und Beschränkungen der
  Steuergröße u sowie der Zustandsgrößen (z.B. $v \leq v_{zul}$) zu
  berücksichtigen sind.

Die Ergebnisse der Optimierung werden anschließend für die drei
verschiedenen Bremssysteme mit h = -1, h = 1, h = 0 ohne detaillierte Beschreibung der einzelnen Lösungsschritte (vgl. /16, 66,
67/) vorgestellt.

6.3.3 Optimale Steuerfunktion

Wie bereits ausgeführt wurde, hängt das Gütefunktional (6.13) von
der Art des Bremssystems mit den drei Fällen h = -1, h = 1 und h = 0
ab. Diese Fälle sollen in Anlehnung an /16/ im einzelnen behandelt
werden.

a) Optimale Steuerung für den Fall der idealen Nutzbremsung
   (h = -1)

Bei einer idealen Nutzbremsung mit h = -1 lautet die Hamilton-
Funktion mit (6.14) und (6.16)

$$H_{-1} = u(-v+\lambda_2)+\lambda_1 v -\lambda_2(\gamma_0 + \gamma_1 v + \gamma_2 v^2), \qquad (6.18)$$

78

die dann maximal wird, wenn für die optimale Steuerfunktion $u^*(t)$ im
regulären Fall ein Zwei-Phasen-Programm mit u_a, $-u_b$ und im singulären (allgemeinen) Fall ein Drei-Phasen-Programm mit

$$u^* = \begin{cases} u_a \\ \gamma_0 + \gamma_1 v_c + \gamma_2 v_c^2 \quad \text{(singuläre Lösung)} \\ -u_b \end{cases} \tag{6.19}$$

gewählt wird. Bei $\lambda_2 = v$, $v = 0$ wird H_{-1} unabhängig von u (singuläre
Lösung), und man erhält mit (6.17) nach einigen Zwischenschritten
die angegebene Lösung.

Die Steuerfunktion (6.19) empfiehlt also Anfahren mit maximaler
Antriebskraft, dann Fahrt mit konstanter Geschwindigkeit v_c und
schließlich die Betriebsbremsung mit der dafür vorgesehenen maximalen Bremskraft. Die Geschwindigkeit v_c und damit die Umschaltpunkte zwischen den Bereichen sind aus den Nebenbedingungen mit
vorgegebener Fahrzeit und Streckenlänge zu bestimmen. Übrigens wird
das Zwei-Phasen-Programm, bei dem die Summe von Anfahr- und Bremsweg
gerade die Streckenlänge L ergibt, in der Praxis nur bei sehr kurzen
Stationsabständen vorkommen. Das Ergebnis (6.19) ist plausibel, da
die Bremsphase wegen der Energierückspeisung so lange wie möglich
dauern sollte.

b) Optimale Steuerung für den Fall der Verlustbremsung (h = 1)

Wie in /16/ ausführlich hergeleitet wird, erhält man mit der
Hamilton-Funktion

$$H_1 = -|u|v + \lambda_2 u + \lambda_1 v - \lambda_2 (\gamma_0 + \gamma_1 v + \gamma_2 v^2) \tag{6.20}$$

im allgemeinen Fall ein Vier-Phasen-Steuerungsprogramm entsprechend

$$u^* = \begin{cases} u_a \\ \gamma_0 + \gamma_1 v_c + \gamma_2 v_c^2 \quad \text{(singuläre Lösung mit } \lambda_2 = \pm v) \\ 0 \\ -u_b \end{cases}$$
$$(6.21)$$

Dabei sind der singuläre Fall (vier Phasen) und der reguläre Fall
(3 Phasen, es fehlt der Bereich mit konstanter Geschwindigkeit)
enthalten. Das Drei-Phasen-Programm kommt nur bei relativ kurzen
Stationsabständen oder im Fall relativer hoher zulässiger Geschwindigkeit in Frage. Die Berechnung der Umschaltpunkte ist wegen
der zusätzlichen Rollphase mit $u = 0$ nur mit einigem numerischen
Aufwand möglich.

c) Optimale Steuerung für den Fall $h = 0$ (Bremsung ohne
   Verbrauch oder Gewinn elektrischer Energie)

Im Fall $h = 0$ gilt nach (6.14) $u_h = (u + u)/2$ und damit entsprechend (6.16) für die Hamilton-Funktion

$$H_0 = -1/2(u + |u|)v + \lambda_2 u + \lambda_1 v - \lambda_2 (\gamma_0 + \gamma_1 v + \gamma_2 v^2), \qquad (6.22)$$

die bei

$$u^* = \begin{cases} u_a \\ \gamma_0 + \gamma_1 v_c + \gamma_2 v_c^2 \\ 0 \\ -u_b \end{cases} \qquad (6.23)$$

maximal wird. Die singulären Lösungen (für $\lambda_2 = 0$ und $\lambda_2 = v$) sind
in dieser allgemeinen optimalen Steuerfunktion bereits enthalten.
Wie im vorher betrachteten Fall $h = 1$ erhält man also ein Steue-
rungsprogramm mit den vier Phasen "Beschleunigen", "Beharren",
"Rollen" und "Bremsen", wobei hier allerdings eine andere optimale
Geschwindigkeit v_c erwartet werden kann.

Die Berechnung dieser Größe wird im nächsten Abschnitt anhand eines
etwas vereinfachten Beispiels gezeigt; anschließend folgt in einem
weiteren Abschnitt die Anwendung der bisherigen Ergebnisse zum energieoptimalen Fahren bei einer Magnetschnellbahn.

6.3.4 <u>Näherungsweise Berechnung einer optimalen Trajektorie</u>

Der durch (6.23) beschriebene Fahrverlauf mit den vier Phasen
"Beschleunigen", "Beharren", "Rollen" mit abgeschaltetem Antrieb und
"Bremsen" bis zum Halt soll nun auch quantitativ bestimmt werden,
wobei die einzelnen Abschnitte der Trajektorie (Fahrkurve) zur Vereinfachung durch konstante Werte der Beschleunigung bzw. Bremsverzögerung charakterisiert seien. Bild 6.3 zeigt einige entsprechende
Verläufe in einem $v(t)$-Diagramm. Dabei sind die Trajektorien mit der
kleinsten und mit der größten Geschwindigkeit berücksichtigt, die
bei gegebener Streckenlänge L und festgelegter Fahrzeit T_F möglich
sind. Damit wird gleichzeitig der zur Verfügung stehende Optimierungsspielraum angegeben.

Die beiden Gleichungen für die Nebenbedingungen lauten hier
folgendermaßen:

$$L = \frac{v_c^2}{2a_0} + l_c + \frac{v_c^2 - v_d^2}{2b_R} + \frac{v_d^2}{2b_0} \qquad (6.24)$$

$$T_F = \frac{v_c}{a_0} + \frac{l_c}{v_c} + \frac{v_c - v_d}{b_R} + \frac{v_d}{b_0} \qquad . \qquad (6.25)$$

Dabei gibt der Parameter b_R die Bremsverzögerung während der
"Rollphase" im Bereich $v_c \leq v \leq v_d$ an. Die Aufgabe, die zu lösen
ist, besteht darin, die Werte für v_c, v_d und l_c so zu bestimmen, daß
der Energieverbrauch für die Fahrt minimal wird. Die Geschwindigkeit
v_c liegt im Bereich $v_{cmin} \leq v_c \leq v_{cmax}$, wobei v_{cmin} durch den Fall
$v_c = v_d$, d.h. Fahrt ohne "Rollphase", und v_{cmax} durch $l_c = 0$, d.h.
Fahrt ohne "Beharrungsphase" festgelegt wird. Es gilt:

$$v_{cmin} = \frac{a_0 T_F - \sqrt{(a_0 T_F)^2 - 2a_0 L(1 + a_0/b_0)}}{1 + a_0/b_0} - \tag{6.26}$$

$$v_{cmax} = \frac{a_0 T_F - \sqrt{(a_0 T_F)^2 - \dfrac{1 + a_0/b_0}{1 + a_0/b_R}\left[(a_0 T_F)^2 - 2a_0 L \dfrac{a_0}{b_0}\left(1 - \dfrac{b_0}{b_R}\right)\right]}}{1 + a_0/b_0} \; . \tag{6.27}$$

Wenn für den Fahrwiderstand zur Vereinfachung bei relativ kleinen Geschwindigkeiten nur die Rollreibungskraft $F_R = \mu_R mg$ mit der Erdbeschleunigung $g = 9{,}81 \ m/s^2$ und dem Rollreibungskoeffizienten μ_R berücksichtigt wird, so daß bei abgeschaltetem Antrieb

$$m \frac{dv}{dt} = -\mu_R mg = -b_R m \tag{6.28}$$

gilt, läßt sich der Energieverbrauch bzw. die geleistete Arbeit pro Fahrt im Fall h=0 (vgl. (6.12), (6.13)) durch

$$W = \frac{m}{2} v_c^{\,2} + m\, b_R l_c \tag{6.29}$$

berechnen. Der Parameter l_c kann mit Hilfe von (6.24) und (6.25) als Funktion von v_c ausgedrückt werden. Nach einigen Umformungen erhält man

$$v_d = v_c - \sqrt{\frac{2b_R}{1 - b_R/b_0}\left[T_F v_c - L - \frac{v_c^{\,2}}{2a_0}\left(1 + \frac{a_0}{b_0}\right)\right]} \tag{6.30}$$

und damit

$$l_c = T_F v_c - 2\left(1 + \frac{a_0}{b_0}\right)\frac{v_c^{\,2}}{2a_0} - \frac{v_c}{b_R}\left(1 - \frac{b_R}{b_0}\right)\sqrt{\frac{2b_R}{1 - b_R/b_0}\left[T_F v_c - L - \frac{v_c^{\,2}}{2a_0}\left(1 + \frac{a_0}{b_0}\right)\right]} ,$$

$$\tag{6.31}$$

so daß der Energieverbrauch durch (6.29) und (6.31) als $W = f(v_c)$
in zugegebenermaßen relativ komplizierter Weise beschrieben werden
kann. Diese Funktion ist in Bild 6.4 für die typischen Parameterwerte einer Nahverkehrsstrecke (z.B. U- oder S-Bahn) dargestellt.

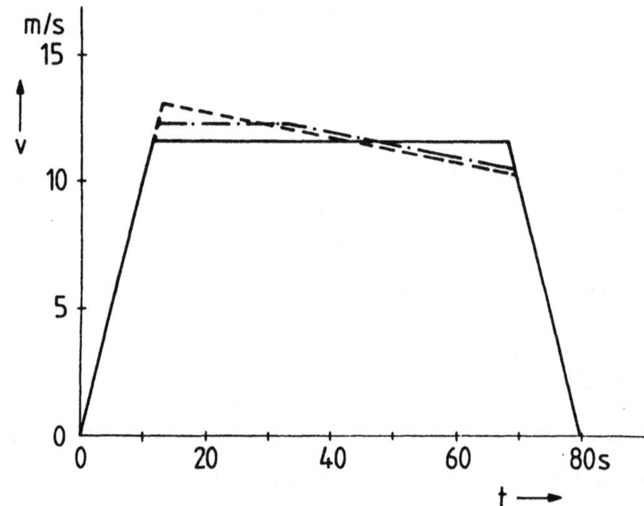

Bild 6.3. Fahrverläufe im Geschwindigkeits-Zeit-Diagramm bei
einem Stationsabstand L=800 m, Fahrzeit T_F=80 s; a=b=1,0 m/s^2,
b_R=0,05 m/s^2

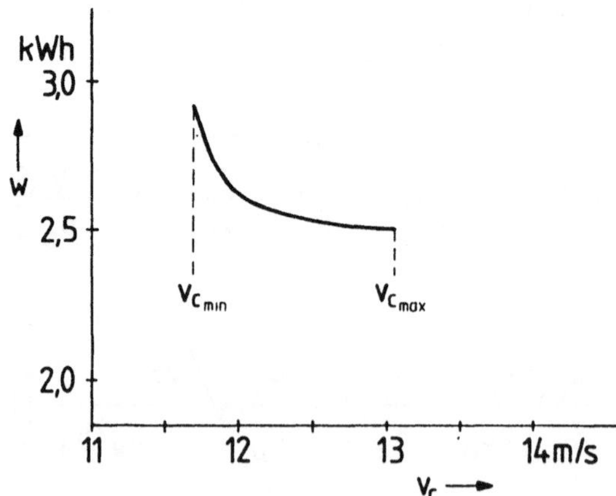

Bild 6.4. Energieverbrauch als Funktion der Abschaltgeschwindigkeit v_c entsprechend Bild 6.3

6.3.5 Optimale Trajektorien und Energieverbrauch bei einer Hochleistungsschnellbahn

Bei einer Hochleistungsschnellbahn (z.B. Magnetbahn) ergibt sich wegen der hohen Maximalgeschwindigkeit von beispielsweise 400 km/h ein größerer Optimierungsspielraum als bei einem Nahverkehrssystem, außerdem fällt der Energieverbrauch naturgemäß stärker ins Gewicht. Bei der anschließenden Diskussion soll von folgenden Parameterwerten ausgegangen werden (vgl. /16/):

Fahrzeugmasse	$m = 10^5$ kg
max. Antriebskraft	$F_a = 100$ kN
max. Antriebsleistung	$P_a = 6$ MW
Höchstgeschwindigkeit	$v_{max} = 400$ km/h
Betriebsbremsverzögerung	$b_0 = 1,0$ m/s^2
Fahrwiderstand	$G(v) \approx g_2 v^2$ mit $g_2 = 3$ kg/m
Streckenlänge (Stationsabstand)	$L = 50$ km
Sollfahrzeit	$T_F = 11,4$ min.

Da im genannten Geschwindigkeitsbereich der Luftwiderstand dominiert, wurde nur der Fahrwiderstandskoeffizient g_2 berücksichtigt. Beim Beschleunigungsvorgang ist entsprechend Abschnitt 2.4 in die beiden Bereiche mit konstanter Antriebskraft und mit konstanter Leistung zu unterscheiden. Für die Bremsphase wird näherungsweise mit $v = -b_0$ gerechnet. Es werden hier alle drei Bremssysteme mit $h=0$, $h=-1$ und $h=1$ betrachtet.

Der Energieverbrauch bzw. die aufgewendete Arbeit setzt sich bei einem Vier-Phasen-Programm aus den folgenden Anteilen zusammen:

$$W = \int_0^{T_F} F(t)v(t)\,dt = W_a + W_c + W_a + W_b \quad . \qquad (6.32)$$

Dabei ist

$$W_a = F_a x_{a1} + P_a T_{a2} \qquad (6.32a)$$

$$W_c = g_2 v_c^2 l_c \qquad (6.32b)$$

$$W_d = 0 \quad \text{(wegen u=0, "Rollphase")} \qquad (6.32c)$$

$$W_b = \int_0^{v_d/b_0} \left[mb_0 - g_2(v_d - b_0 t^*)^2 \right] (v_d - b_0 t^*)\, dt^*$$

$$= \frac{m}{2} v_d^2 - \frac{g_2}{4} \frac{v_d^4}{b_0} \qquad (6.32d)$$

zu setzen. In Bild 6.5 ist das Ergebnis einiger numerischer
Berechnungen dargestellt. Es zeigt einige Trajektorien $v=f(t)$
mit drei bzw. vier Phasen und den zugehörigen Energieverbrauch in
Abhängigkeit von der jeweils gewählten Geschwindigkeit v_c (300 km/h
$\leq v_c \leq$ 400 km/h) bei einem Stationsabstand von L = 50 km und einer
vorgegebenen Sollfahrzeit von T_F = 11,4 min.

Die Untersuchung zeigt, daß die Energieminima, die natürlich unter
anderem noch von L und T_F abhängen, relativ schwach ausgeprägt sind.
Der Energieverbrauch ist also bei festem h relativ unempfindlich
gegenüber der gewählten Höchstgeschwindigkeit v_c. Die Energieeinsparung, die durch eine Nutzbremsung mit Rückspeisung ins Netz
(h=-1) erreicht werden kann, ist dagegen bei kleinen Stationsabständen zu beachten. Vergleicht man im Bild 6.6 den Fall h=-1 mit
dem Minimum bei v_c = 300 km/h mit dem Fall h=0, dann erkennt man,
daß eine Energieeinsparung von ca. 20 % erzielt wird. Dabei wurde
für die Kurve mit h=0 ebenfalls der Minimalwert herangezogen, der
bei $v_{copt} \approx$ 320 km/h liegt.

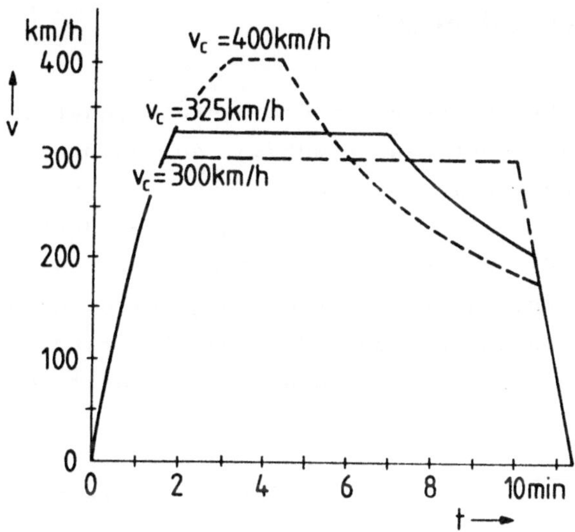

Bild 6.5. Fahrverläufe im Geschwindigkeits-Zeit-Diagramm
bei L=50 km, T_F=11,4 min

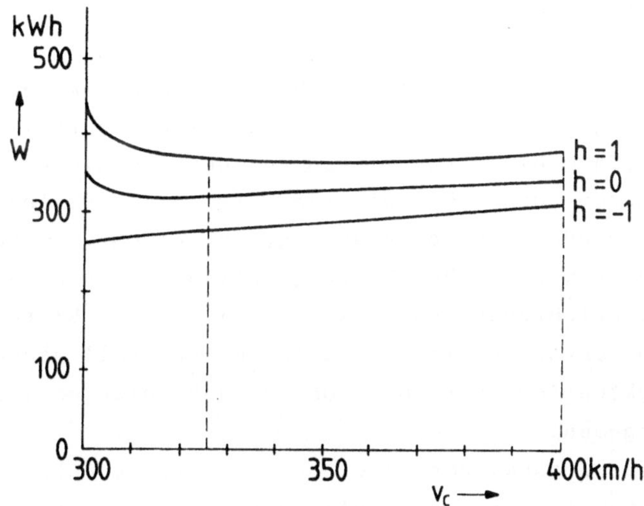

Bild 6.6. Energieverbrauch als Funktion der Abschaltgeschwindigkeit v_c entsprechend Bild 6.5

6.4 »Zustandsoptimale« Fahrweise

Während bei den bisher behandelten Optimierungsansätzen "vorpro-
grammierte" Fahrweisen untersucht wurden, sollen nun Strategien und
Algorithmen für eine flexible Steuerung des Fahrbetriebs vorgestellt
werden, bei denen eine ständige Anpassung an den Betriebszustand
durchgeführt wird. Dieser Aspekt ist insbesondere in Verkehrs-
spitzenzeiten mit sehr dichter Fahrzeugfolge wichtig, bei der die
maximale Betriebsleistung weitgehend ausgenutzt wird und Abweichungen vom Fahrplan aufgrund von Störungsfällen praktisch unvermeidlich
sind.

Derjenige Fahrverlauf, der in der aufgetretenen Konfliktsituation
die voraussichtlich beste Lösung für die Weiterführung des Betriebes
darstellt, wird hier mit dem Begriff "zustandsoptimale Fahrweise"
beschrieben. Im Gegensatz zur zeitoptimalen Fahrweise mit kürzest
möglicher Fahrzeit kommt es hier auf den günstigsten Ankunftzeit-
punkt z.B. einer Station an.

6.4.1 Betriebliche Gesichtspunkte

Der normale (ungestörte) Fahrbetrieb ist dadurch gekennzeichnet,
daß die Fahrzeuge ihren Standard-Geschwindigkeitsprofilen folgen,
zu denen die planmäßigen Fahrzeiten auf den einzelnen Streckenab-
schnitten gehören. Dabei beeinflussen sich die einzelnen Fahrzeuge
in ihren Bewegungen nicht gegenseitig, es können die Standard-Fahr-
wege eingestellt werden. Bei Störungsfällen, die u.a. durch Ausfälle
technischer Einrichtungen oder externe Einflüsse (Witterung, Fahr-
gastverhalten) entstehen können, wird im Idealfall jedem Fahrzeug
die von der aktuellen Betriebssituation abhängige optimale Geschwindigkeit vorgegeben.
Dazu sind größere räumliche Bereiche des Streckennetzes zu betrachten, um auch bei gestörtem Fahrplan eine Entkopplung der Fahrzeugbewegungen zu erreichen. Ohne zusätzliche Maßnahmen, auf die in
diesem Abschnitt ausführlich eingegangen werden soll, behindern sich
die von der Störung betroffenen Fahrzeuge gegenseitig, weil sie ver-
suchen, so schnell wie zulässig zu fahren.

Durch die begrenzende Wirkung der Sicherungseinrichtungen (z.B.
Abstandssicherung und Geschwindigkeitsüberwachung) ergibt sich dabei
eine unruhige Fahrweise, die zu einer Minderung des Fahrkomforts und
zu einer Erhöhung des Energieverbrauches führt.

Die vorliegende Aufgabe besteht also darin, für jedes einzelne
Fahrzeug bei möglichst vielen Betriebsfällen mit möglichst ein-
fachen Mitteln einen kultivierten Fahrverlauf zu erzielen, wobei
sowohl die Möglichkeiten und Grenzen der jeweiligen Fahrzeug- bzw.
Antriebsregelung als auch die Erfordernisse einer weiträumigen
Disposition zu berücksichtigen sind.

6.4.2 Geeignete Trajektorien

Zunächst soll das Problem behandelt werden, ein Fahrzeug von einem
Startpunkt (x_0, v_0) in vorgegebener Fahrzeit T_S zu einem Sollpunkt
(x_s, v_s) zu steuern. Bei der direkten Berechnung in der Zustands-
ebene lauten die Nebenbedingungen

$$\int_{x_0}^{x_s} v'\, dx = v_s - v_0, \qquad v' = \frac{dv}{dx} \tag{6.33}$$

und

$$\int_{x_0}^{x_s} \frac{dx}{v(x)} = T_s \quad . \tag{6.34}$$

In /68/ wird ein Optimierungsansatz mit der klassischen Variationsrechnung über das Gütekriterium

$$J = \int_{x_0}^{x_s} v^k \, {v'}^2 \, dx \Rightarrow \text{Min} \qquad (6.35)$$

gewählt, der die Möglichkeit enthält, neben der Optimierung der
Fahrzeugbeschleunigung v eine hohe oder niedrige mittlere Geschwindigkeit durch geeignete Wahl des Parameters k zu "belohnen"
oder zu "bestrafen". Da durch diesen Ansatz hauptsächlich das Ziel
verfolgt wird, eine möglichst einfache "günstige" Führungskurve zu
gewinnen, wird auf eine Berücksichtigung der speziellen Fahrzeug-
dynamik sowie von Beschränkungen der Zustandsgrößen verzichtet. Die
hier zu untersuchende Funktion

$$E(v,v') = v^k \, {v'}^2 + \frac{\lambda_1}{v} + \lambda_2 v \qquad (6.36)$$

in der (6.33) bis (6.35) berücksichtigt sind, ergibt mit der Euler-
Lagrange-Bedingung

$$\frac{\partial E}{\partial v} - \frac{d}{dx}\left(\frac{\partial E}{\partial v'}\right) = 0 \qquad (6.37)$$

die Differentialgleichung

$$v'' + \frac{1}{2}k \, \frac{{v'}^2}{v} = -\frac{1}{2}\lambda_1 v^{-k-2} \qquad , \qquad (6.38)$$

deren allgemeine Lösung in /68/ angegeben ist:

$$x = \int \frac{v^{1/2(k+1)}}{\sqrt{\lambda_1 + c_0 v}}\, dv + c_1 \quad . \qquad (6.39)$$

Diese Lösung ist allerdings für praktische Anwendungen zu unhandlich und dient ohnehin nur dem Zweck, Typen günstiger einfacher Solltrajektorien herauszufinden. Ebenfalls in /68/ wird auf solche suboptimalen Trajektorien näher eingegangen.
Bei der Berechnung eines Trajektorienastes soll möglichst eine monoton verlaufende Standardfunktion ausgewählt werden, bei der die Fahrzeit in einfacher Weise berechnet werden kann, wenn die aktuelle Geschwindigkeit und Position eines Fahrzeugs als Anfangswerte gegeben sind und der Zielpunkt vorgegeben wird.

Zwei besonders einfache Verläufe seien hier herausgegriffen:

a) linearer Verlauf der Geschwindigkeit in Abhängigkeit von der
   Zeit (konstante Sollbeschleunigung),
b) linearer Verlauf der Geschwindigkeit in Abhängigkeit von der
   Position des Fahrzeugs,

jeweils im Regelbereich $t_0 \leq t \leq t_0 + T_s$ bzw. $x_0 \leq x \leq x_s$.

Zu diesen Verläufen, die in den Bildern 6.7 und 6.8 dargestellt sind, gehören die folgenden Beziehungen:

$$a) \quad \dot{v} = \frac{dv}{dt} = \text{const} \qquad \text{für } t_0 \leq t \leq t_0 + T_s \qquad (6.40a)$$

$$v(t) = v_0 + \frac{v_s^2 - v_0^2}{2(x_s - x_0)}(t - t_0) \qquad (6.40b)$$

$$x(t) = x_0 + v_0(t - t_0) + \frac{1}{2} \frac{v_s^2 - v_0^2}{2(x_s - x_0)}(t - t_0)^2 \qquad (6.40c)$$

$$v(x) = \sqrt{v_0^2 + 2 \frac{v_s^2 - v_0^2}{2(x_s - x_0)}(x - x_0)} \qquad (6.40d)$$

b) $\qquad v' = \dfrac{dv}{dx} = \text{const} \qquad$ für $x_0 \leq x \leq x_s$ $\qquad (6.41a)$

$$v(t) = v_0 \; e^{\frac{v_s - v_0}{x_s - x_0}(t - t_0)} \qquad (6.41b)$$

$$x(t) = x_0 + (x_s - x_0) \frac{v_0}{v_z - v_0}(e^{\frac{v_s - v_0}{x_s - x_0}(t-t_0)} -1) \qquad (6.41c)$$

$$v(x) = v_0 + \frac{v_s - v_0}{x_s - x_0} (x - x_0) \qquad (6.41d)$$

Wenn in den Gleichungen (6.40) oder (6.41) die Sollgeschwindigkeit v_s vorgegeben wird, liegt die Fahrzeit zwischen Start- und Zielpunkt längs der gewählten Trajektorie fest.

Andererseits gibt es für eine vorgegebene Fahrzeit (z.B. auf Grund des Betriebszustands) eine bestimmte Zielgeschwindigkeit v_s, die am Zielort ($x = x_s$) erreicht sein soll.

Diese beiden Fälle sind in den Bildern 6.7 und 6.8 berücksichtigt worden, jeweils für die Trajektorie mit $\dot{v}=dv/dt=\text{const}$ und mit $v=dv/dx=\text{const}$ im Regelbereich. Man beachte, daß bei vorgegebener Fahrzeit T_s (Bild 6.8) mit beiden Trajektorien dieselbe Wegstrecke zurückgelegt werden soll.

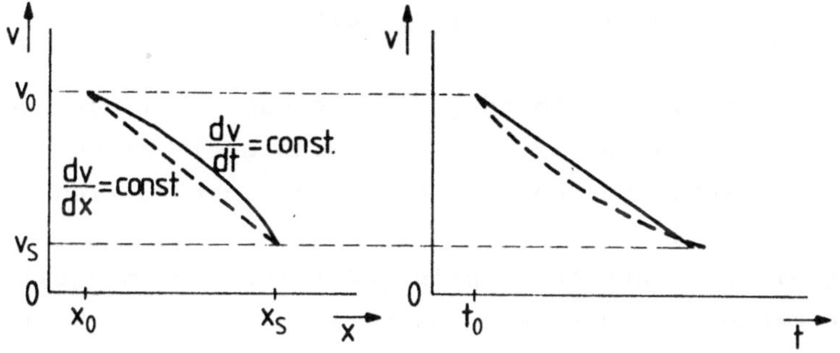

Bild 6.7. Trajektorien mit dv/dt = const und dv/dx = const bei vorgegebener Sollgeschwindigkeit v_s

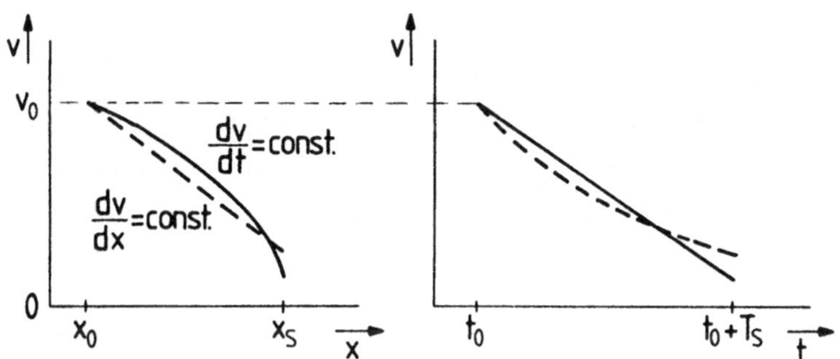

Bild 6.8. Trajektorien mit dv/dt = const und dv/dx = const bei vorgegebener Sollfahrzeit T_s

6.4.3 Sollfahrzeit und Zielgeschwindigkeit

Zur Bestimmung der Zielgeschwindigkeit und damit bei vorgegebenem Fahrverlauf auch der aktuellen Sollgeschwindigkeit eines Fahrzeugs sind weitere betriebliche Bedingungen in Betracht zu ziehen.

Die Fahrzeit bis zum nächsten Stationshalt ist eine maßgebliche betriebliche Kenngröße, und zwar sowohl im Normalbetrieb als auch bei gestörtem Fahrplan. Im Störungsfall bestimmt das vorausfahrende (verspätete) Fahrzeug, wann das nachfolgende Fahrzeug in die nächste Station einfahren darf. Die Kenntnis des Zeitpunkts, bei dem die Zielbremsparabel der nächsten Station erreicht werden soll, ist die Grundlage für die Realisierung einer flexiblen, zustandsoptimalen Steuerung, da die Stationseinfahrt bei allen Bahnsystemen die betriebliche Mindestzugfolgezeit bestimmt. Bei der Bestimmung der Zielgeschwindigkeit v_s ist dieser wichtige Anwendungsfall besonders zu beachten. Daher soll der Punkt (x_s, v_s) entsprechend Bild 6.9 bzw. 6.10 auf der Bremsparabel für die Einfahrt in die nächste Station liegen, so daß mit x_H als Ort des Stationshaltepunkts und b_0 als Betriebsbremsverzögerung die Beziehung

$$x_s + \frac{v_s^2}{2b_0} = x_H \qquad\qquad (6.42)$$

gilt.

Es ist zu beachten, daß die nach der Fahrt über mehrere Stationen resultierende Verspätung des Fahrzeugs 2 nur von der Verspätung des Fahrzeugs 1 und von der im Fahrplan vorgesehenen Pufferzeit abhängt, die sich als Differenz zwischen planmäßiger und minimaler Fahrzeugfolgezeit ergibt (vgl. Abschnitt 3.6). Wird v_s willkürlich festgelegt (z.B. $v_s = v_{max}$), besteht die Gefahr, daß der Zug bei großen Werten der Fahrzeit T_s zu einem Zwischenhalt gezwungen wird, was natürlich vermieden werden soll.

Wenn wie bei Fall a) in 6.4.2 gefordert wird, daß im Regelbereich mit konstanter Bremsverzögerung gefahren werden soll, ergeben sich gut überschaubare Beziehungen. Bild 6.9 zeigt die Sollkurve (6.40d)

$$v(x) = \sqrt{v_0^2 + 2\frac{v_s^2 - v_0^2}{2(x_s - x_0)}(x-x_0)} = \sqrt{v_0^2 + 2a_s(x-x_0)}$$

zwischen dem Startpunkt (x_0, v_0) und dem Sollpunkt (x_s, v_s). Dieser Zielpunkt (auf der Bremsparabel für die Stationseinfahrt), der nicht mit dem Zielbremspunkt $(x_H, 0)$ verwechselt werden darf, soll nach der neuen Sollfahrzeit T_s erreicht werden, die nach betrieblichen Gesichtspunkten zu ermitteln ist (z.B. Räumung der Station durch das vorausfahrende verspätete Fahrzeug). Mit der Sollbeschleunigung

$$a_s = \frac{v_s^2 - v_0^2}{2(x_s - x_0)} = \frac{v_s - v_0}{T_s} \qquad (6.43)$$

ergibt sich mit dem Abstand $(x_H - x_0)$ bis zum Fußpunkt der Bremsparabel (Betriebsbremsverzögerung b_0) die Bestimmungsgleichung für die Zielgeschwindigkeit v_s:

$$x_H - x_0 = \frac{v_s + v_0}{2} T_s + \frac{v_s^2}{2b_0} \qquad (6.44)$$

Daraus folgt

$$v_s = \frac{b_0}{2} T_s \left(\sqrt{1 + 2\frac{2(x_H - x_0) - T_s v_0}{b_0/2T_s^2}} - 1 \right) \qquad (6.45)$$

und mit (6.43) auch die vorzugebende Sollbeschleunigung a_s. Bild 6.9 zeigt neben dem Verlauf von $v(x)$ auch die zugehörigen Verläufe $v(t)$ und $x(t)$.

Zu der anderen Lösung (linearer Verlauf von v(x), vgl. (6.41)/Fall
b) in 6.4.2) gehört die Fahrzeit

$$T_s = \int_{x_0}^{x_s} \frac{dx}{v(x)} = \int_{x_0}^{x_s} \frac{dx}{v_0 + \frac{v_s - v_0}{x_s - x_0}(x - x_0)} = \frac{x_s - x_0}{v_s - v_0} \ln \frac{v_s}{v_0} \qquad (6.46)$$

zwischen den Punkten (x_0, v_0) und (x_s, v_s). In dieser Gleichung ist
der Abstand $x_s - x_0$ durch

$$x_s - x_0 = x_H - x_0 - \frac{v_s^2}{2b_0} \qquad (6.47)$$

zu ersetzen, so daß die Sollposition wie im vorher betrachteten Fall
auf der Bremsparabel für die Stationseinfahrt liegt. Damit erhält
man die folgende Bestimmungsgleichung für die Sollgeschwindigkeit
v_s:

$$\frac{x_H - x_0 - \frac{v_s^2}{2b_0}}{v_s - v_0} \ln \frac{v_s}{v_0} = T_s \quad . \qquad (6.48)$$

Zur Lösung dieser Gleichung ist ein numerisches Verfahren erforderlich. Entsprechend Bild 6.9 (für die Fahrt mit konstanter Verzögerung nach Vorgabe einer neuen Sollfahrzeit) sind in Bild 6.10 die
Verläufe von v(x), v(t) und x(t) dargestellt.

Zusammenfassend kann festgestellt werden, daß beide Typen von
Trajektorien für eine flexible Betriebsablaufsteuerung gut geeignet
sind. Dazu gehören einfache mathematische Beziehungen, wie sie in
Form der Gleichungen (6.40) bis (6.48) vorliegen. Daraus wird ersichtlich, daß eine praktische Anwendung ziemlich unproblematisch
ist. Im übrigen ist auch eine Einbeziehung von Intervallen mit
konstanter Geschwindigkeit möglich, was bei längeren Fahrweg-
abschnitten zweckmäßig sein könnte.

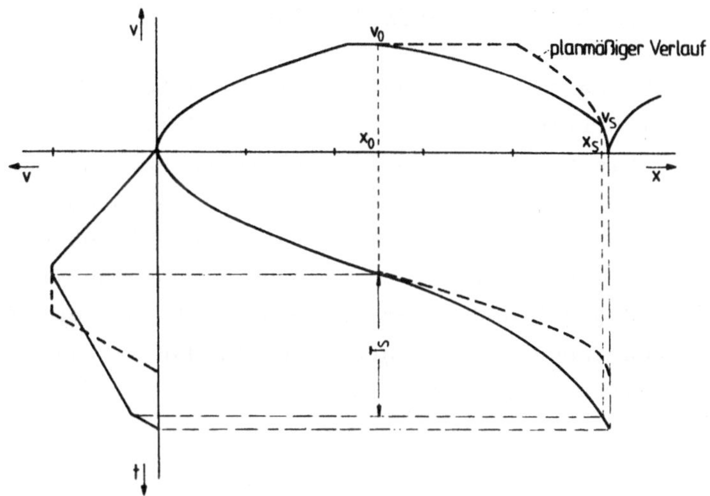

Bild 6.9. Fahrt zwischen zwei Stationen mit geänderter Fahrzeit-
vorgabe und mit dv/dt = const im Anpassungsbereich

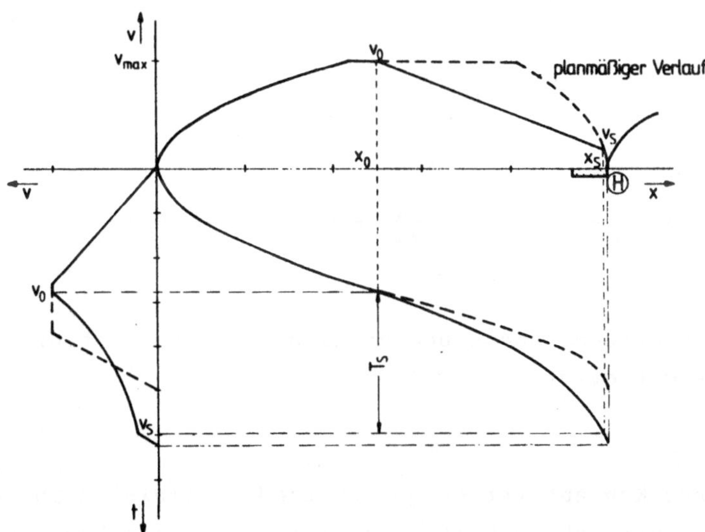

Bild 6.10. Fahrt zwischen zwei Stationen mit geänderter Fahrzeit-
vorgabe und mit dv/dx = const im Anpassungsbereich

6.4.4 Anpassung an geänderte Fahrzeitvorgaben

Die Anpassungsfähigkeit an geänderte Sollfahrzeiten kann anhand
von Bild 6.11 demonstriert werden, das einige Teiltrajektorien mit
$\dot{v}=$const enthält. Die vorgegebenen Ankunftszeitpunkte gehen aus dem
v(t)-Diagramm hervor. Die jeweils zur Verfügung stehende Fahrzeit
bis zum Halt ergibt sich als Differenz zwischen Sollankunftszeit
t_{AN} und augenblicklicher Zeit t_0. Eine neue Vorgabe bewirkt eine
neue Sollgeschwindigkeit und einen neuen Sollort (auf der Zielbremsparabel). Das ergänzende v(x)-Diagramm zeigt, daß in allen Fällen
derselbe Haltepunkt x_H erreicht wird.

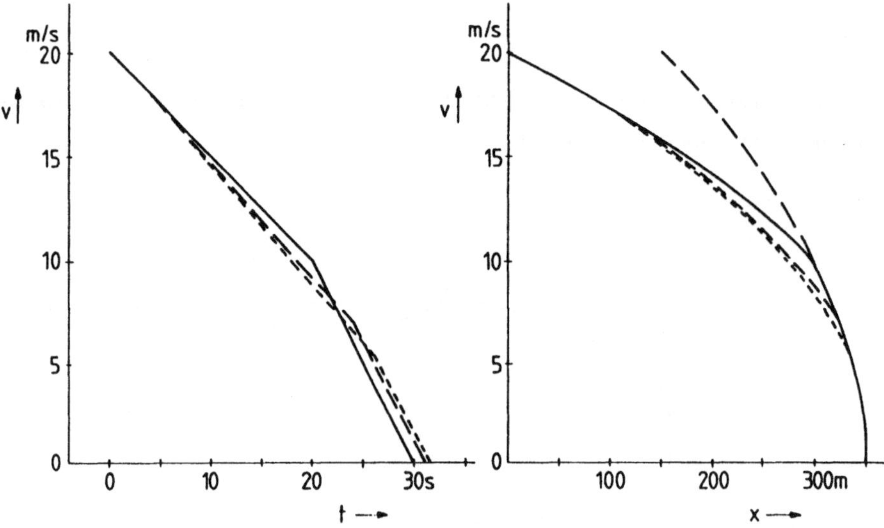

Bild 6.11. Mehrfache Anpassung an geänderte Fahrzeitvorgaben
(Abschnitte mit dv/dt = const)

Wie ein solches Konzept (ständige "zustandsoptimale" Anpassung an
das gewünschte Betriebsverhalten) realisiert werden kann, wird noch
beschrieben (Kap. 9). Neben einschränkenden Bedingungen (z.B.
Geschwindigkeitsbeschränkungen) sind auf jeden Fall die folgenden
Eingangsinformationen zur Berechnung der Trajektorien erforderlich:

- Fahrzeugposition,
- Fahrzeuggeschwindigkeit,
- Betriebsbremsverzögerung (Zielbremsung),
- Abstand zum nächsten Haltepunkt bzw. zum nächsten
  Gefahrenpunkt,
- Sollfahrzeit bis zum aktuellen Zielpunkt.

Das eigentliche Problem bildet die Festlegung der Sollfahrzeit, die
von der Betriebssituation (z.B. Verhalten anderer Fahrzeuge, Fahrwegzustände) abhängt. Wie gezeigt wurde, bietet die Trajektorien-
berechnung bei vorgegebener Fahrzeit keine Schwierigkeiten. Die
Vorgabe von Teilfahrzeiten ist auch noch aus einem anderen Grunde
vorteilhaft: Es wird eine Entkopplung der einzelnen Fahrzeugbewegungen erreicht, die Schwierigkeiten einer direkten Abstandsregelung (siehe u.a. /69,70/) werden vermieden.

6.4.5 Simulationsbeispiel

Die Wirkungsweise der vorgestellten Fahrstrategie soll anhand von
simulierten Fahrverläufen deutlich gemacht werden (siehe Bild 6.12).
Im Geschwindigkeits-Weg-Diagramm und im Weg-Zeit-Diagramm sind die
Fahrverläufe zweier Züge auf einer Nahverkehrsstrecke mit drei
Stationen dargestellt. Zug 1 wird auf Grund einer Störung zu einem
außerplanmäßigen Halt vor der Station 2 gezwungen, darf dann aber
seine Fahrt fortsetzen. Er hält anschließend in den Stationen 2
und 3. Für den nachfolgenden Zug 2 (gestrichelt gezeichnete Trajektorien), der inzwischen dicht aufgerückt ist, soll ein Zwischenhalt
und eine "unruhige" Fahrweise auf Grund des Eingreifens der Sicherungseinrichtungen vermieden werden. Dies gelingt mit Hilfe der
ständigen Anpassung der Trajektorie an die Sollfahrzeit, bei deren
Festlegung die voraussichtliche Freigabe der Station durch den
vorausfahrenden Zug berücksichtigt wurde. In der dargestellten
Betriebssituation darf also der von der Sicherung zur Verfügung

gestellte Spielraum nicht voll ausgenützt werden, damit "stop-and-go"-Effekte vermieden werden und ein flüssiger Betriebsablauf auch nach einer Betriebsstörung erreicht wird. Außerdem ist noch einmal zu betonen, daß der Zug 2 die Stationen 2 und 3 jeweils zu den frühest möglichen Zeitpunkten erreicht.

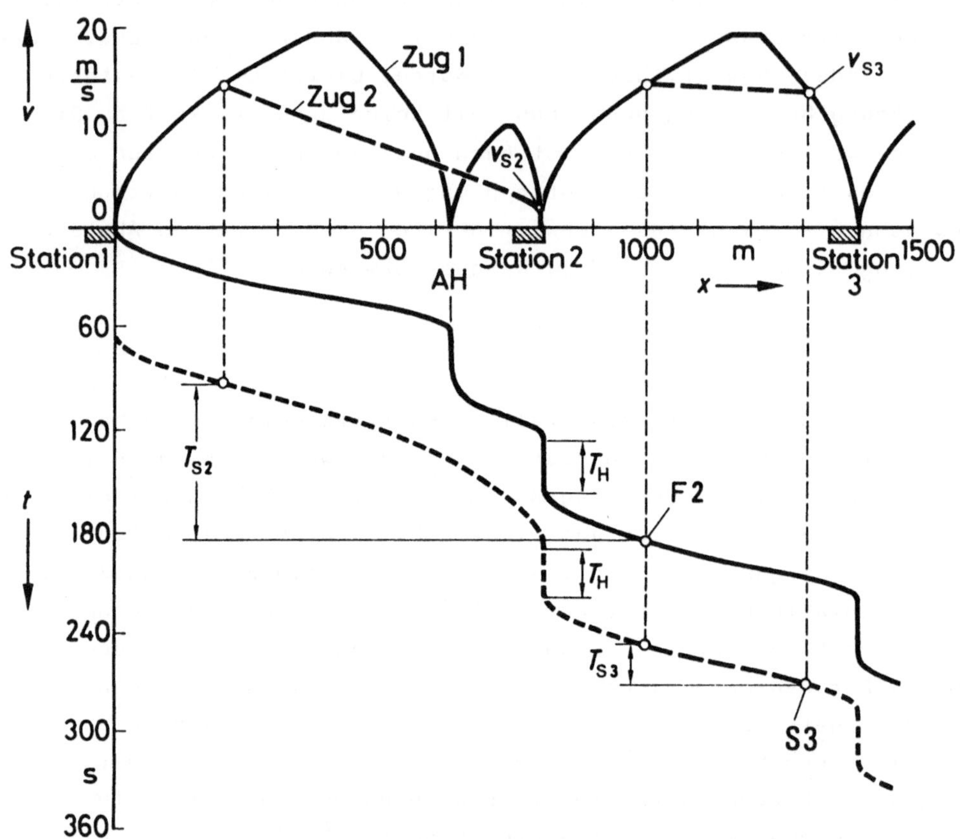

Bild 6.12. Simulierte Fahrverläufe bei verspäteter Abfahrt von Zug Nr. 1 aus Station 1 und mit einem außerplanmäßigen Zwischenhalt (AH); F2 Freimeldung von Station 2, S3 Sollposition, v_{s3} Sollgeschwindigkeit, T_{s3} Sollfahrzeit

6.5 Minimierung der Summenverspätung bei Störungen

Bei Betriebsstörungen, die einen größeren Fahrwegbereich betreffen,
sind in vielen Fällen besondere Maßnahmen erforderlich, um die gesamte Verspätungszeit in Grenzen zu halten. Es kann erforderlich
sein, alternative Fahrwege für einzelne Züge oder Fahrzeuge auszu-
suchen oder die Reihenfolge der Züge beispielsweise bei der Ein-
fädelung in eine Stammstrecke zu ändern.
An einem Beispiel soll gezeigt werden, welche Überlegungen und
Berechnungen durchzuführen sind, wenn die Gesamtverspätung minimal
werden soll. Dabei wird der Fall betrachtet, daß eine Primärverspätung auf einer Zulaufstrecke ohne Überholmöglichkeit auftritt
(siehe Bild 6.13).

Es handelt sich hier um zwei Linien A und B, deren Züge nach der
Streckenzusammenführung gemeinsam die Stammstrecke benutzen. Die
planmäßige Reihenfolge ist A0, B0, A1, B1,..., d.h. die Stammstrecke
wird abwechselnd von Zügen der beiden Linien befahren.
Die Verspätung des primärverspäteten Zuges A1 ist vereinfacht im
Weg-Zeit-Diagramm (Bild 6.13) dargestellt. Bei diesem Beispiel wird
außerdem der Zug A2 von der Störung betroffen, die anderen Züge
können unbehindert weiterfahren.
Allgemein hängt die Gesamtverspätung bei einer Störung von der
Primärverspätung T_{v0}, dem planmäßigen zeitlichen Abstand τ_0 und
der Mindestzugfolgezeit τ_{min} ab, wie in Abschnitt 5 ausführlich
erläutert wurde.

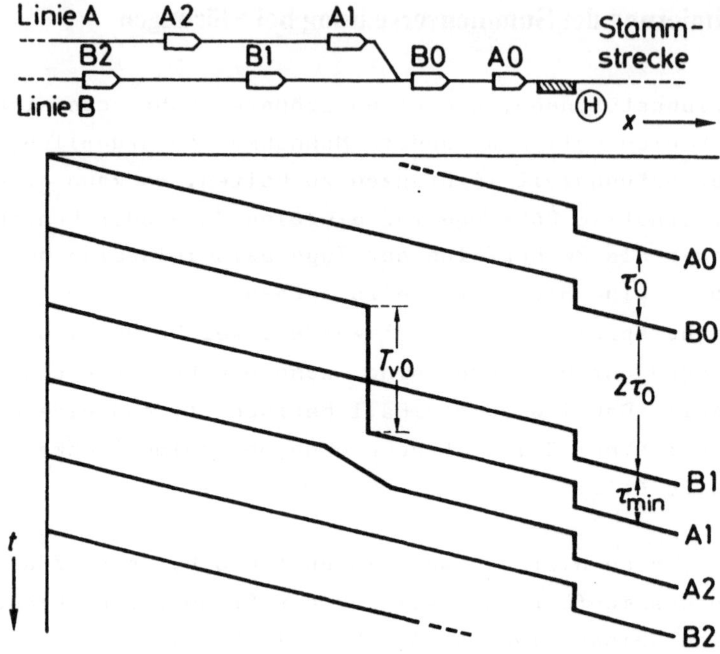

Bild 6.13. Stammstrecke mit zwei Zulaufstrecken; primärverspäteter Zug Al, Primärverspätung T_{v0}; Taktzeit τ_0, Mindestzugfolgezeit τ_{min}

Die gesamte Verspätungszeit kann mit den Beziehungen (5.4)

$$t_v = T_{v0} + \sum_{k=1}^{n_{vf}} (T_{v0} - kr_0)$$

und der Anzahl der verspäteten Züge (5.2)

$$n_{vf} = INT \ (\frac{T_{v0}}{r_0})$$

bestimmt werden. Da hier aber die Frage der Optimierung lautet, wie durch geschickte Wahl der Reihenfolge der Züge auf der Stammstrecke die Gesamtverspätung minimiert werden kann, ist eine modifizierte Berechnungsvorschrift erforderlich. Sie läßt sich (vgl. Abschnitt 5.2.2) folgendermaßen formulieren:

$$t_v = T_{v0}^* + \sum_{k=1}^{n_{vf}^*} (T_{v0}^* - r(k)) \ (n_{vf} - k + 1) \ . \qquad (6.49)$$

Dabei gibt $T_{v0}^* \geq T_{v0}$ die maßgebliche Primärverspätung an, die auf Grund der neuen Reihenfolge zustandekommt. Die Anzahl der folgeverspäteten Züge n_{vf}^* ist ebenfalls von der Reihenfolge der Züge abhängig. Die Pufferzeit zwischen den einzelnen Zügen ist durch $r(k)$ gegeben und wird in (6.49) berücksichtigt.

Bereits aus Bild 6.13 geht hervor, daß diese Betrachtungsweise notwendig ist. Dort wird der primärverspätete Zug A1 zusätzlich zurückgehalten, damit der Zug B1 unbehindert durchfahren kann. Das Ergebnis der Verspätungsberechnungen für eine Nahverkehrsstrecke (Taktzeit $\tau_0 = 90_s$, Mindestzugfolgezeit $\tau_{min} = 60s$) zeigt Bild 6.14, aus dem hervorgeht, welche Reihenfolge der Züge bei der Einfahrt auf die Stammstrecke bei einer bestimmten Primärverspätung T_{v0} optimal ist.

Fall (a) entspricht der planmäßigen Reihenfolge, die bei kleinen
Verspätungen am günstigsten ist. Bei etwas größeren Primärverspätungen (z.B. $T_{v0} \approx 2$ min) ist es günstiger, entsprechend Fall (b)
die Züge B1 und A1 zu vertauschen (vgl. Bild 6.13). Fall (c), also
die zusätzliche Vertauschung der Züge B2 und A2, bringt keine
Verbesserung mit sich, dafür aber die Variante (d) bei Verspätungen
des Zuges A1 über ca. 5 min. Dabei müssen allerdings die Züge B1 bis
A3 einen anderen Platz einnehmen.

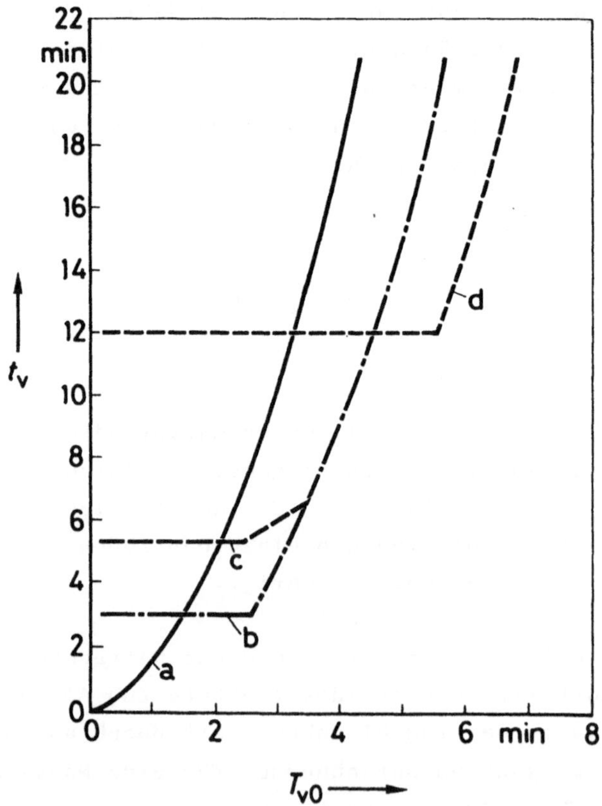

Bild 6.14. Summenverspätung t_v als Funktion der Primärverspätung T_{v0} in Abhängigkeit von der Reihenfolge der Züge
(vgl. Bild 6.13); $\tau_0 = 90 s$, $\tau_{min} = 60 s$

Die individuellen Verspätungszeiten der Züge hängen ebenfalls von
der gewählten Reihenfolge ab. Diese Zeiten, die bei der Entscheidung
für eine bestimmte Variante natürlich auch berücksichtigt werden
müssen, sind für das Beispiel T_{v0} = 2,5 min in Bild 6.15 dargestellt, und zwar für die bereits erläuterten Fälle (a) bis (c)
nach Bild 6.14. Auch hier wird deutlich, daß bei T_{v0} = 2,5 min die
Variante (b) am günstigsten ist, bei der die Züge A1 und B1 in der
Reihenfolge vertauscht werden.

Diese exemplarischen Betrachtungen sollen zeigen, welche Ent-
scheidungsprozesse bei derartigen Störungsfällen durchlaufen
werden müssen, wenn der Anspruch einer optimierenden Betriebssteuerung aufrechterhalten werden soll.

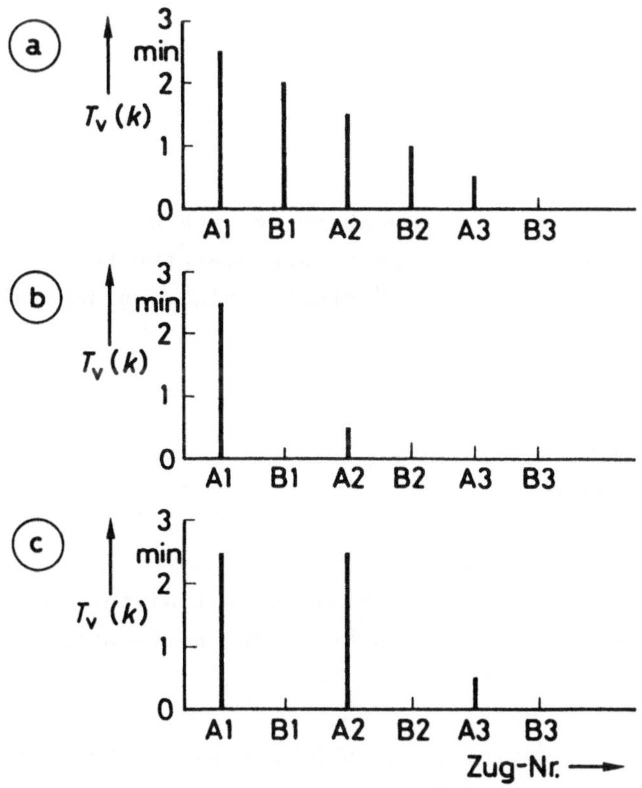

Bild 6.15. Individuelle Verspätungszeiten $T_v(k)$ bei einer
Primärverspätung von T_{v0}=2,5 min (a, b, c entsprechend
Bild 6.14)

7 Ziele, Aufgaben und Gliederung der Leittechnik bei spurgebundenen Transportsystemen

7.1 Grundlagen

Der Einsatz von komplexen Leitsystemen trägt wesentlich zur
Leistungsfähigkeit und Wirtschaftlichkeit von modernen spurgebundenen Transportanlagen bei, da ein sicherer, reibungsloser und
energiesparender automatischer Fahrbetrieb realisiert werden kann.

Mit dem Begriff Betriebsleitsystem sollen alle Einrichtungen
zusammengefaßt werden, die zur

- Sicherung,
- Steuerung,
- Führung

des Fahrbetriebs dienen. Dazu gehören demnach die Bereiche
Informationsgewinnung, -übertragung und -verarbeitung. Die
Anforderungen an die Leittechnik ergeben sich aus den folgenden
Zielsetzungen:

- Sicherheit,
- Betriebsleistung,
- Betriebsflüssigkeit,
- Robustheit.

Selbstverständlich wird ein hohes Sicherheitsniveau vorausgesetzt.
Gefährdungen für Personen und Güter sollen weitgehend ausgeschlossen
werden.

Zu einer hohen Betriebsleistung gehören kleine Fahrzeugfolgezeiten
und eine hohe Transportgeschwindigkeit.

Ein flüssiger Betrieb ist unter anderem durch eine kultivierte und energiesparende Fahrweise jedes einzelnen Zuges oder Fahrzeuges gekennzeichnet. Die Gesamtverspätung bei Störungsfällen, die in der Praxis unvermeidlich sind, soll möglichst gering sein.

Weiterhin sollen Störungen des Betriebes möglichst selten auftreten, insbesondere solche, die durch Ausfälle betriebsleittechnischer Einrichtungen bewirkt werden. Daher die Forderung nach einer gewissen Robustheit.

Beim Entwurf eines Leitsystems ist in die

- funktionelle und hierarchische Gliederung

und in die

- räumlich-technische Gliederung

zu unterscheiden. Dabei spielt der Informationsfluß innerhalb des Gesamtsystems eine wesentliche Rolle, wobei von vornherein Störungen und Ausfälle berücksichtigt werden müssen.

Beim Vergleich verschiedener Varianten ist jeweils zu klären, welche Prozeß- und Steuerinformationen an welcher Stelle, also z.B. auf dem Fahrzeug, dezentral an der Strecke oder zentral, benötigt werden.

7.2 Grundkonfiguration und Aufgabenschwerpunkte

Bei der funktionellen Gliederung des Leitsystems bietet sich eine
Aufteilung in Aufgaben an, die

- fahrzeugseitig,
- fahrwegseitig dezentral,
- fahrwegseitig zentral

ausgeführt werden. Andererseits liegt es nahe, bei den Teilaufgaben
die Bereiche Sicherung, Steuerung und Regelung sowie Betriebsführung
zu unterscheiden, weil dabei die Prioritäten und die zeitlichen
Anforderungen an die Bearbeitung der Aufgaben berücksichtigt werden.
Weiterhin läßt sich eine sinnvolle räumlich-technische Gliederung
nicht isoliert behandeln, so daß eine Grundkonfiguration, wie sie in
Bild 7.1 dargestellt ist, plausibel erscheint. Diese Anordnung
berücksichtigt in vereinfachter Form die Hauptaufgaben, nämlich die
Sicherung und Steuerung der Fahrzeuge und des Fahrwegs und die
zentrale Überwachung und Koordination. Bei der Darstellung nach Bild
7.1 wurde ein konventioneller fahrzeugseitiger Antrieb vorausgesetzt. Der Einfluß eines fahrwegseitigen Antriebs, beispielsweise
gegeben durch einen Linear-Langstatormotor bei Magnetbahnen, wird
noch an anderer Stelle diskutiert (siehe Abschnitt 7.4.4).

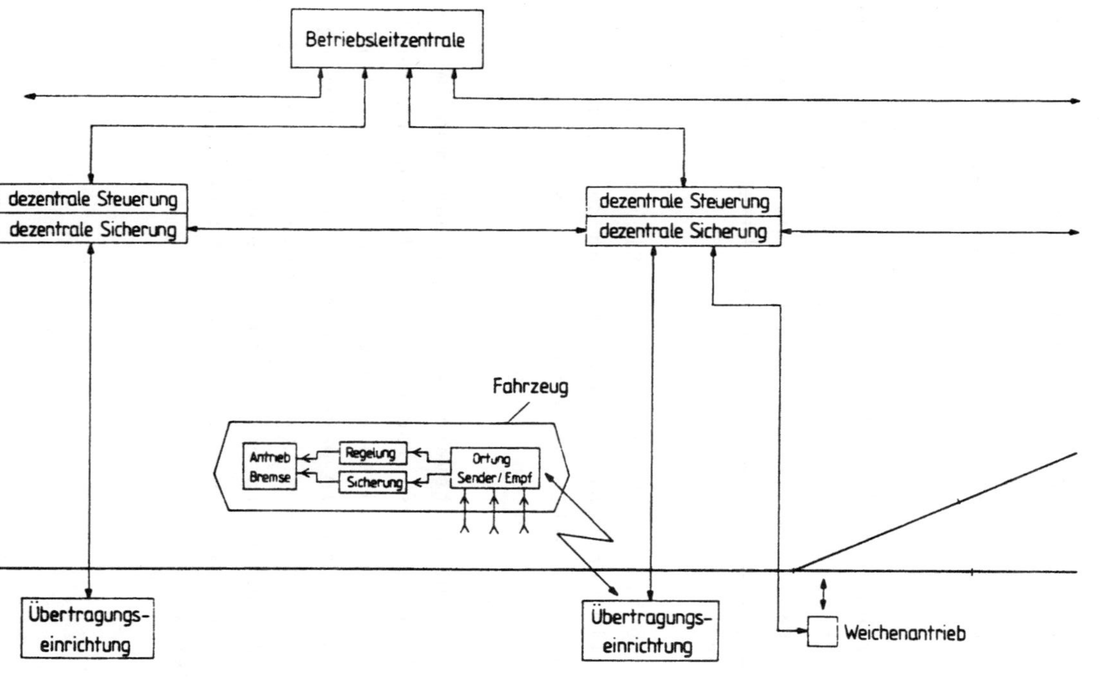

Bild 7.1. Grundkonfiguration eines Betriebsleitsystems für Bahnen

Die weitere (vereinfachte) Aufteilung der drei Hauptbereiche
Sicherung, Steuerung und Betriebsführung geht aus Bild 7.2 hervor.

Zu den zentralen Aufgaben der Betriebsführung, die einen direkten
Einfluß auf den Betriebsablauf haben, gehören die Speicherung und
Vorgabe des Fahrplans, die Anzeige und Prognose des Betriebs-
zustands, die Vorgabe von Prioritätsregeln und das Erarbeiten von
Lösungen bei Störungsfällen.

Die mittlere Gruppe bezieht sich auf die Steuerung der Weichen und
Fahrzeuge. Als Sollwerte sind z.B. der nächste Zielpunkt und die
aktuelle Sollgeschwindigkeit an die Fahrzeugregelung vorzugeben, die
für die Beschleunigungs- und Geschwindigkeitsregelung sowie für eine
exakte Zielbremsung sorgt.

Alle bisher genannten Funktionen besitzen keine Sicherheitsverantwortung. Die Kontrolle, ob Bedienungshandlungen des Personals
oder Maßnahmen einer automatischen Steuerung zulässig sind oder
nicht, wird von der Sicherungsebene durchgeführt.

Bei den Funktionen mit Sicherheitsverantwortung findet man im
Bereich der Fahrwegsicherung vereinfachend die Aufgaben Fahrweg-
verschluß, -überwachung und -auflösung, die üblicherweise mit Hilfe
eines Stellwerks gelöst werden. Im Bereich der Fahrzeugsicherung
gibt es die Teilaufgaben Positions- und Geschwindigkeitsmessung,
Geschwindigkeitsüberwachung, Abstandssicherung und die Auslösung der
Zwangsbremse, deren Einsatz in gewissen Situationen (z.B. nach einem
Geräteausfall) erforderlich sein kann.

```
+----------------------------------------------------------------+
!            Betriebsführung und Disposition                     !
!                                                                !
!      Speicherung und Vorgabe des Normalfahrplans               !
!      Anzeige und Prognose des Betriebszustands                 !
!      Vorgabe von Prioritätsregeln und                          !
!      Alternativlösungen bei Störungen                          !
!      Vorgabe des aktuellen Fahrplans                           !
!__  __  __  __  __  __  __  __  __  __  __  __  __  __  __  __ _!
!                                                                !
!   Fahrwegeinstellung            Fahrzeug-Sollwertvorgabe       !
!      Fahrwegbildung                Zielpunkt                   !
!      Weichenantriebssteuerung      Sollgeschwindigkeit         !
!                                    Fahrzeugregelung            !
!                                       Beschleunigungsregelung  !
!                                       Geschwindigkeitsregelung !
!                                       Zielbremsung             !
!__  __  __  __  __  __  __  __  __  __  __  __  __  __  __  __ _!
!                                                                !
!   Fahrwegsicherung              Fahrzeugsicherung              !
!      Fahrwegverschluß              Ortsmessung                 !
!      Fahrwegüberwachung            Geschwindigkeitsmessung     !
!      Fahrwegauflösung              Geschwindigkeitsüberwachung !
!                                    Abstandssicherung           !
!                                    Zwangsbremsauslösung        !
+----------------------------------------------------------------+
```

Bild 7.2. Funktionelle Gliederung eines Betriebsleitsystems

7.3 Gliederung in Teilaufgaben

Überlegungen zu den Aufgaben und zur Struktur eines Betriebsleitsystems müssen durch die Aufteilung in Teilaufgaben unterstützt
werden, die sich sowohl an den Hauptbereichen Sicherung, Steuerung
und Betriebsführung als auch an der räumlichen Gliederung mit fahrzeugseitigen, fahrwegseitigen dezentralen und zentralen Einrichtungen orientiert. Diese willkürliche, aber sicherlich plausible
Systematisierung der Teilaufgaben führt zu der nachfolgenden Aufteilung, bei der wie in Bild 7.1 ein fahrzeugseitiger Antrieb zugrunde gelegt wurde.

o Fahrzeugortung

   - (fahrzeugseitige) Positions- und Geschwindigkeitserfassung

   - Bestimmung der Fahrtrichtung

o fahrzeugseitige Sicherung

   - Aufbereitung der Ortungsinformationen

   - Aufbereitung von Zustands- und Fehlermeldungen

   - Auswertung empfangener Datentelegramme

   - Geschwindigkeitsüberwachung bezüglich der fahrzeug- und der
     fahrwegbedingten zulässigen Geschwindigkeit

   - Überwachung und Auslösung der Zwangsbremse

   - Bildung von zu sendenden Datentelegrammen

o Steuerung fahrzeuginterner Einrichtungen

o Regelung der Fahrzeugbewegung

   - Beschleunigungsregelung

   - Geschwindigkeitsregelung

   - Zielbremsung

   - Vorgabe der Sollantriebskraft (an den Antrieb)

o Übertragung zwischen fahrzeugseitigen und fahrwegseitigen
  Einrichtungen
    - Senden und Empfangen von Datentelegrammen auf dem Fahrzeug
      und in den dezentralen Sicherungs- und Steuerungseinrich-
      tungen
    - Sprachkommunikation

o fahrwegseitige Fahrzeug- und Fahrwegsicherung
    - Gefahrenpunktermittlung (Berücksichtigung von "unge-
      sicherten" Fahrwegabschnitten und von Geschwindigkeitsein-
      schränkungen)
    - Abstandssicherung
    - Stillstandssicherung (beim Stationshalt)
    - Auslösung der Zwangsbremse
    - Fahrwegverschluß
    - Fahrwegüberwachung (Weichen und andere Fahrwegabschnitte)
    - Fahrwegauflösung
    - Vorgabe gesicherter Fahrwegabschnitte

o Fahrwegsteuerung
    - Fahrwegbildung
    - Weichenantriebssteuerung

o Fahrzeug-Sollwertvorgabe
    - Vorgabe des nächsten Zielpunkts
    - Berechnung und Vorgabe der Sollgeschwindigkeit (an die
      Fahrzeugregelung)
    - Kontrolle der Stationshaltezeit
    - Auswertung von dispositiven Vorgaben

o Übertragung zwischen fahrwegseitigen dezentralen
  Einrichtungen
    - Sichern, Senden und Empfangen von Datentelegrammen

o Stationsüberwachung und -steuerung
  - Überwachung der Fahrzeugtüren und gegebenenfalls auch der
    Stationstüren (am Bahnsteig)
  - Steuerung der Stationsanzeigen und -durchsagen

o zentrale Betriebsführung
  - Information des Betriebsleiters über die Betriebssituation
  - Speicherung des Normalfahrplanes
  - Auswertung von Störungsmeldungen
  - Erarbeiten des aktuellen Sollfahrplanes (bei Störungen)
  - Durchführung dispositiver Maßnahmen über Fahrstraßenan-
    forderungen und Vorgabe von Abfahrzeiten in den Stationen
  - Zugbildung und -trennung
  - Bergung defekter Fahrzeuge
  - Sperrung defekter Streckenabschnitte
  - Stationsüberwachung und -steuerung
  - Fahrgastinformation
  - betriebliche Dokumentation

o Übertragung zwischen dezentralen und zentralen Einrichtungen
  - Senden und Empfangen von Datentelegrammen.

Insbesondere bei der Zuteilung bestimmter Aufgaben für die fahrzeug-
und fahrwegseitigen Einrichtungen kann es zu Überschneidungen
kommen. Beispielsweise ist zur Kontrolle, ob die Fahrzeuggeschwindigkeit die fahrwegbedingte zulässige Geschwindigkeit über-
schreitet oder nicht, die Mitwirkung sowohl der fahrzeugseitigen als
auch der fahrwegseitigen Sicherung erforderlich. Ein weiterer Punkt,
der einer ständigen Diskussion bedarf, ist die Frage, welche Teilaufgaben zentral und welche dezentral ausgeführt werden sollten. Zur
Optimierung der Aufgabenverteilung ist zu klären, welcher Aufwand
für die Informationsverarbeitung und -übertragung bei der jeweiligen
Lösung erforderlich ist und welche technischen Lösungen zur Verfügung stehen.
Daraus geht hervor, daß die funktionelle Gliederung stets im
Zusammenhang mit der räumlich-technischen Gliederung und mit dem
Informationsfluß gesehen werden muß. Diese Punkte werden in den fol-
genden Abschnitten behandelt (siehe auch insbesondere Kapitel 9).

7.4 Räumlich-technische Gliederung

In der gewählten Anordnung der leittechnischen Einrichtungen zur
Informationsgewinnung, -übertragung und -verarbeitung spiegeln sich
die Bemühungen wieder, die gestellten Teilaufgaben mit ihren spezifischen Anforderungen durch optimierten technischen Aufwand zu
lösen. Hier spielt auch der angestrebte oder realisierbare oder auch
erforderliche Automatisierungsgrad eine Rolle, der anschließend noch
weiter diskutiert wird. Verschiedene Varianten für räumlich-technische Gliederungen sollen zunächst anhand von speziellen Systemlösungen gegenübergestellt werden, ohne ausführlich auf die Eigenschaften der einzelnen verwendeten Komponenten einzugehen.

7.4.1 Konventionelle Fernbahnen

Es sei vorausgeschickt, daß hier nur Prinzipien technischer Lösungen
behandelt werden können, da eine detaillierte Diskussion der Betriebsleittechnik bei konventionellen Fernbahnen mit ihren vielen
Varianten und Kombinationsmöglichkeiten den Rahmen dieser Zusammenstellung sprengen würde. Das breite Spektrum betriebsleittechnischer
Komponenten ergibt sich hier natürlich aus dem weitverzweigten Fahrwegnetz und dem heterogenen Betrieb mit zahlreichen unterschiedlichen Zugtypen.
Allgemeine Grundlage der Betriebssicherung ist eine blockweise arbeitende Abstandshaltung der Züge (vgl. Abschnitt 4.2) mit ortsfesten Freimeldeabschnitten (realisiert z.B. durch Gleisstromkreise,
siehe Abschnitt 10.2) und mit optischen Signalen am Fahrweg, die den
Fahrzeugführern die aktuelle Betriebssituation in grober Form anzeigen und ihm seine Fahrweise vorschreiben. Diese Art der Informationsübertragung kann durch eine Signalisierung auf dem Führerstand
/71/ ergänzt oder ersetzt werden, was bei hohen Geschwindigkeiten
(z.B. > 180 km/h) und entsprechend langen Bremswegen (von mehreren
Kilometern) sinnvoll ist.

Über die abschnittsweise arbeitende Gleisfreimeldung sind die technischen Einrichtungen und das Betriebspersonal in den Stellwerken über die Belegung des Fahrwegs durch die Züge informiert, so daß die Weichen und Signale entsprechend der Betriebssituation gestellt werden können. Bei der Weiterentwicklung der Fahrwegsicherungssysteme sind vor allen Dingen die elektronischen Stellwerke /72, 73/ von Bedeutung.

Ein wichtiges Datum ist die gemeldete Zugnummer, die benötigt wird, um den Zuglauf zu verfolgen, Abweichungen vom Fahrplan zu erkennen und gegebenenfalls auszugleichen oder wenigstens zu begrenzen. Dazu trifft der Fahrdienstleiter in seinem Bereich Entscheidungen über die weitere Durchführung des Betriebes. Er kann durch eine automatische Fahrstraßeneinstellung ("Zuglenkung") von Routinehandlungen entlastet werden. Weiterhin ist es zweckmäßig, eine Fernsteuerung kleiner unbesetzter Stellwerke über Betriebssteuerzentralen oder Fernsteuerzentralen vorzunehmen /74, 75/.

Für Störungsfälle, von denen ein größerer Fahrwegbereich betroffen ist, muß koordinierend eine übergeordnete Stelle eingreifen. In einer Dispositions- oder Betriebsleitzentrale (siehe /76, 77/) stehen den Disponenten alle Informationen über den Betriebszustand zur Verfügung, die für dispositive Entscheidungen und Maßnahmen erforderlich sind.

Diese Konfiguration (vgl. /78, 79/) mit Sicherungs-, Steuerungs- und Dispositionsebene, die vereinfacht in Bild 7.3 dargestellt ist, erfordert das Mitwirken eines umfangreichen Betriebspersonals (z.B. Fahrzeugführer, Fahrdienstleiter, Disponenten) und demzufolge auch ein ausgedehntes und zuverlässiges Kommunikationsnetz, wie es bei der Deutschen Bundesbahn vorliegt.

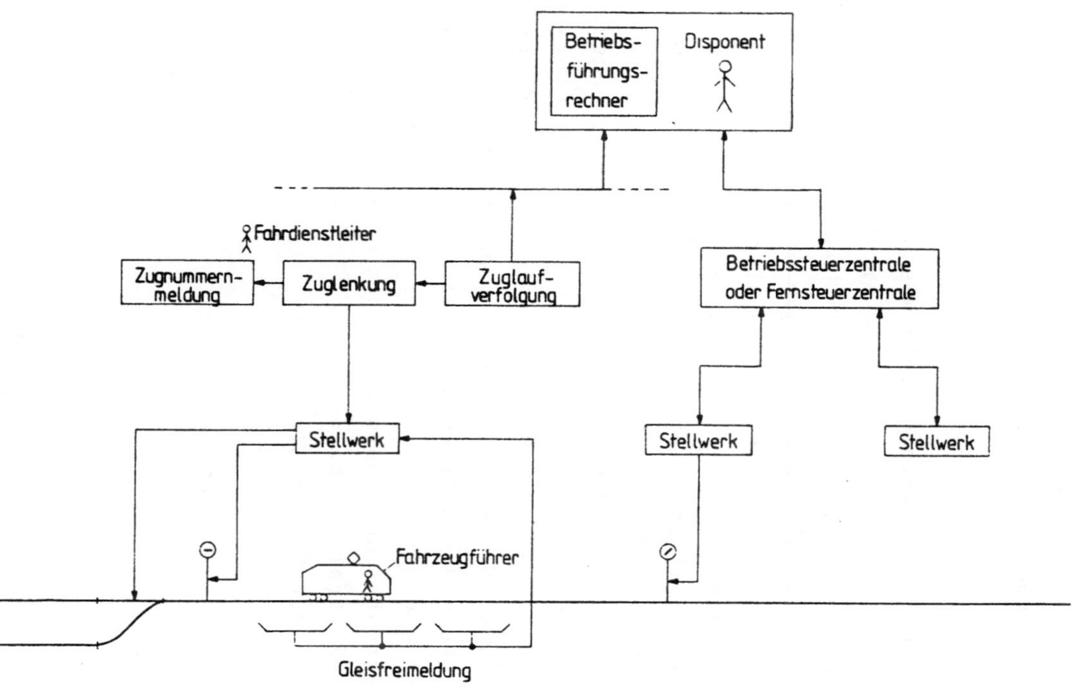

Bild 7.3. Betriebsleittechnische Komponenten bei Fernbahnen

7.4.2 <u>U-Bahnen und Stadtschnellbahnen</u>

Als wegweisend auf dem Gebiet der Betriebsleittechnik für konventionelle Bahnen im Nahverkehr kann das System PUSH (Prozeßrechnergesteuertes U-Bahn-Automationssystem Hamburg) angesehen werden. Hier wurde von der Hamburger Hochbahn AG der Versuch unternommen, eine weitgehende Fahr- und Streckenautomation zu realisieren /80/).

Wie Bild 7.4 schematisch zeigt, werden viele wesentliche Teilaufgaben in den Streckenzentralen gelöst, die mit fahrzeugseitigen und dezentralen Einrichtungen, mit den Weichen, den Signalen (nur bei Handbetrieb), den Haltestelleneinrichtungen und mit der übergeordneten Betriebsleitzentrale in Verbindung stehen. Der automatische Fahrbetrieb wird durch das Zusammenwirken des Streckenprozeßrechners, der das Stellwerk (Fahrwegsicherung) steuert, mit der linienförmigen Zugbeeinflussung (LZB) erreicht.
Diese besteht aus den Basiskomponenten Fahrzeug- und Streckengerät sowie dem zwischen den Schienen verlegten Linienleiter zur Fahrzeugortung und Datenübertragung. Auch wenn ein fahrerloser Betrieb im Prinzip möglich ist, wird auf den Fahrer auf absehbare Zeit nicht verzichtet. Die Mitwirkung des Betriebspersonals ist bei PUSH auf jeden Fall bei den folgenden Aufgaben erforderlich: Abfertigung und Überwachung in den Haltestellen, Überwachung des Fahrbetriebs im Bereich einer Streckenzentrale insbesondere bei Störungsfällen, zentrale Disposition in der Betriebsleitstelle.

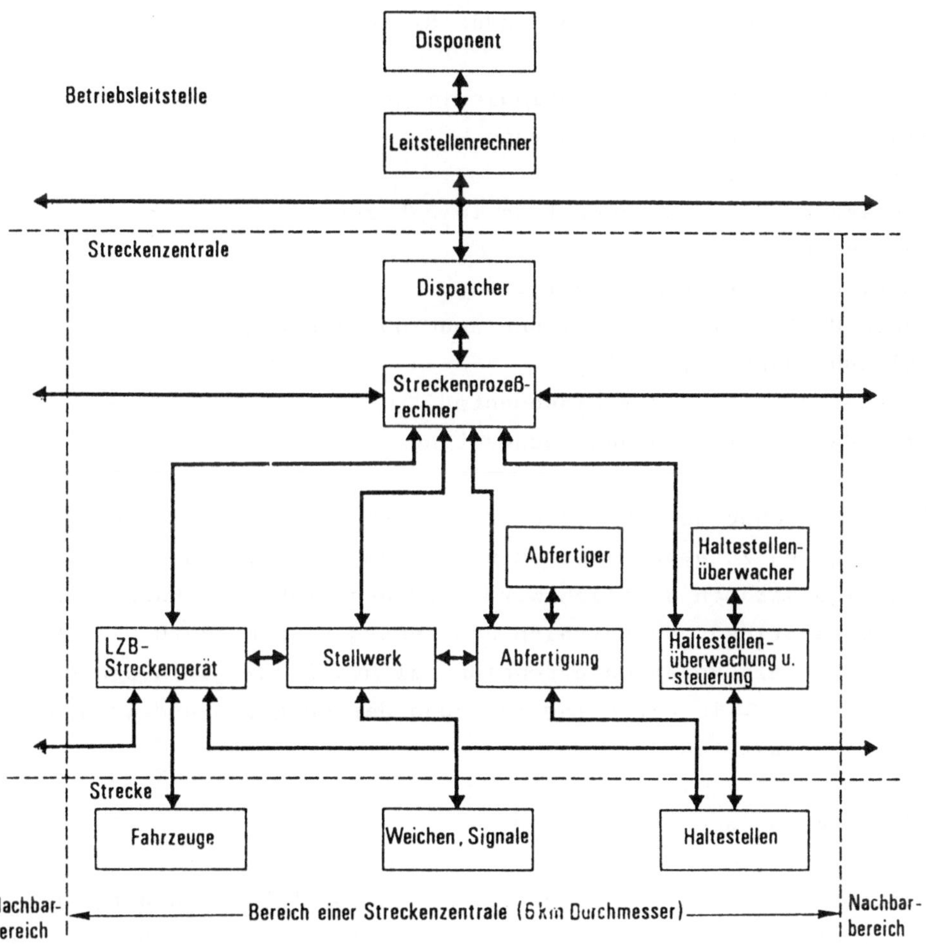

Bild 7.4. Betriebsleittechnik bei U-Bahnen (nach /80/)

Insgesamt bestehen u.a. die folgenden Systemmerkmale:

- automatisches Fahren mit kontinuierlicher Geschwindigkeits-
  überwachung und Abstandssicherung,
- Fahrplanregelung,
- Störungserfassung und -bewertung im Fahrzeug,
- Zuglaufverfolgung,
- automatische Fahrstraßeneinstellung,
- zentrale Haltestellenabfertigung und -überwachung,
- Fahrplanüberwachung,
- Rechnerunterstützung der Disponenten,
- Betriebsdatenerfassung und -auswertung.

Diese Aufgabenschwerpunkte fassen die in Abschnitt 7.3 aufgeliste-
ten Teilaufgaben zusammen. Wie auch bei den nachfolgend beschriebenen Konfigurationen deutlich wird, ergeben sich drei Hauptbereiche
mit fahrzeugseitigen, dezentralen und zentralen Einrichtungen. Die
einzelnen Systemlösungen unterscheiden sich allerdings in den Über-
wachungsbereichen, in der Feingliederung der Aufgaben und in den
Automatisierungsstufen.

7.4.3 Kabinenbahnen

Die Voraussetzungen für einen weitgehend automatisierten Betrieb,
auf den allgemein in Kapitel 8 noch näher eingegangen wird, sind bei
Kabinenbahnen (siehe z.B. /81, 82/) günstiger als bei U- oder S-
Bahnen, insofern neben gewissen baulichen Bedingungen (z.B. eigene
"abgesicherte" Trasse) auch zugeschnittene Betriebskonzepte berücksichtigt werden. Kennzeichnend für den artreinen Betrieb von
Kabinenbahnen sind viele Einzelfahrzeuge, die, gesteuert nach einem
dichten Taktfahrplan, bei kleinen Stationsabständen für eine hohe
Bedienungshäufigkeit sorgen.

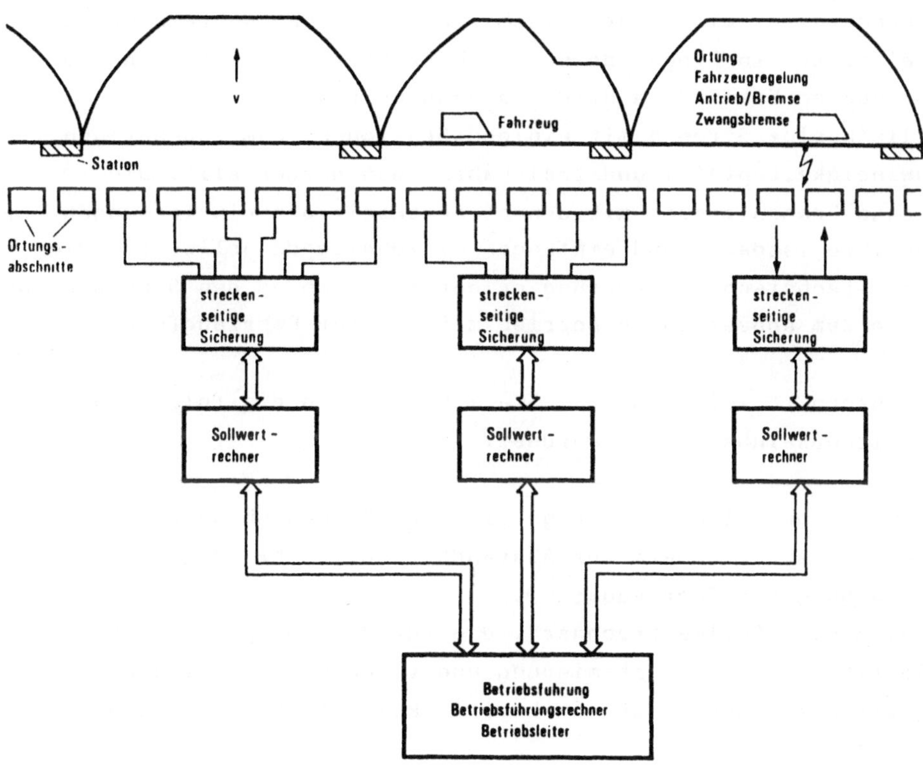

Bild 7.5. Grundkonfiguration eines Betriebsleitsystems für den spurgebundenen Nahverkehr

Insbesondere für einen derartigen spurgebundenen Nahverkehr kommt
ein Leitsystem in Frage, dessen Grobstruktur nach einem in /83/
beschriebenem Entwurf in Bild 7.5 behandelt wird. Dort ist
symbolisch eine Strecke mit einigen Stationen, dem zugehörigen
Geschwindigkeitsprofil und zwei Fahrzeugen dargestellt. Die
Fahrzeuge kommunizieren mit den streckenseitigen Einrichtungen, sie
melden ihre Istdaten und empfangen einzuhaltende Sollwerte. Die
räumlich-technische Gliederung orientiert sich an den Stationen und
damit an dem angestrebten Betrieb mit dichter Fahrzeugfolge.

Jedem Abschnitt zwischen zwei Stationen werden die folgenden
Verarbeitungseinheiten zugeordnet:

- jeweils eine "streckenseitige Sicherung", bestehend aus
  sicheren Mikrorechnern zur Abstands- und Geschwindigkeitsüberwachung der Fahrzeuge;
- jeweils ein "Sollwertrechner", die für die fahrplangerechte
  Ablaufsteuerung mit Optimierung und Vorgabe der Sollgeschwin-
  digkeiten zuständig ist. Er besitzt keine Sicherheitsverantwortung.

Die übergeordnete Koordination und Überwachung wird zweckmäßigerweise von einer Betriebsführungszentrale aus wahrgenommen.
Zusammenfassend kann man hier von einer dezentralen Automation und
von einer zentralen Koordination sprechen.

Diese Struktur ist aus verschiedenen Gründen bei "in sich ge-
schlossenen, automatisierungsgerechten"Transportsystemen vorteilhaft:

- Es ist gelungen, überschaubare, autonome Teilprozesse und damit günstige Verarbeitungsschwerpunkte zu finden.

- Sowohl die Hardware als auch die Software können modular aufgebaut werden, nicht wiederverwendbare Sonderlösungen werden
  jedenfalls im dezentralen Bereich vermieden.

- Es kann eine hohe Verfügbarkeit erreicht werden, insbesondere
  wenn das Konzept der funktionellen Redundanz verfolgt wird.
  Danach werden die Aufgaben von ausgefallenen dezentralen Einrichtungen von ihren Nachbarn übernommen. Dazu müssen entsprechende Informationen und Verarbeitungskapazitäten bereit-
  gehalten werden.

7.4.4 Magnetschnellbahnen

Der Betrieb einer zukünftigen Magnetschnellbahn wird durch sehr hohe
Geschwindigkeiten (400...500 km/h) und damit verbundene kurze Fahrzeiten und lange Bremswege, die besondere Anforderungen an die
Sicherungstechnik stellen, gekennzeichnet sein. Der Verstoß in den
genannten Geschwindigkeitsbereich wird durch die berührungsfreie
Fahrtechnik ermöglicht. Dabei kommt ein synchroner Langstator-
Linearmotor (vgl. z.B. /84, 85, 86/) zum Einsatz. Dieser fahrwegseitige Antrieb, dessen Abschnitte durch zugeordnete Unterwerke mit
elektrischer Energie versorgt werden, bringt folgende Bedingungen
mit sich (siehe auch Abschnitt 4.5):

- In einem Unterwerksabschnitt darf sich immer nur ein Fahrzeug
  bewegen, und zwar sowohl wegen des Antriebskonzepts als auch
  aus Leistungsgründen.

- Das Ende eines besetzten Unterwerksabschnitts ist als
  Gefahrenpunkt anzusehen.

Durch diese Antriebsabschnitte ist eine natürliche Teilung des
Fahrwegs gegeben, die sich auch in der Struktur des geplanten
Betriebsleitsystems /21, 48, 87, 88, 89/ widerspiegeln, das auf
jeden Fall für einen automatischen Fahrbetrieb ausgelegt sein muß.

Als besonderes Merkmal einer Magnetbahn mit Langstatormotor ist
festzuhalten, daß der Antrieb und damit die elektrische Betriebsbremse fahrwegseitig angeordnet sind und daß sich die Zwangsbremse
(z.B. mechanische Bremse oder Wirbelstrombremse) auf dem Fahrzeug
befindet. Daher ist ein kontinuierlicher Datenaustausch zwischen
fahrzeug- und fahrwegseitigen leittechnischen Einrichtungen unbedingt erforderlich; falls die Zwangsbremse ausgelöst werden muß, ist
der Antrieb abzuschalten.
In Bild 7.6 ist die Grundkonfiguration des erwähnten Magnetbahn-
Betriebsleitsystems dargestellt. Der angestrebte automatische
Fahrbetrieb wird durch das Zusammenspiel der prozeßnahen Subsysteme

- Fahrzeugortung,
- Datenübertragung,
- Fahrzeugsteuerung,
- Fahrwegsteuerung

gewährleistet.
Die zur Sicherung und Steuerung der Fahrzeuge benötigten Zustandsgrößen wie Fahrzeugposition und -geschwindigkeit werden fahrzeugseitig ermittelt, im Fahrzeuggerät sicherungstechnisch geprüft und
über einen Datenübertragungskanal an die dezentrale fahrwegseitige
Fahrzeugsteuerung weitergegeben. Dort erfolgt die Festlegung des
Spielraums, der einem Fahrzeug auf Grund der Sicherungsbedingungen
zur Verfügung gestellt werden kann und die Ermittlung der Fahr-
kommandos, die über das Antriebssystem in die gewünschte Fahrzeugbewegungen umgesetzt werden. Die einzustellenden Fahrwege werden
der Fahrwegsteuerung mitgeteilt, die für die Überwachung der Weichen
sorgt und der Fahrzeugsteuerung Informationen über die Weichenzu-
stände liefert.

Die Aufgaben zur Betriebsabwicklung und Disposition werden in einer
- Betriebsleitzentrale
wahrgenommen, wie sie auch bei anderen Bahnen erforderlich ist.
Das Zusammenspiel der genannten Subsysteme geht auch aus Bild 7.7
hervor (siehe auch /89/).

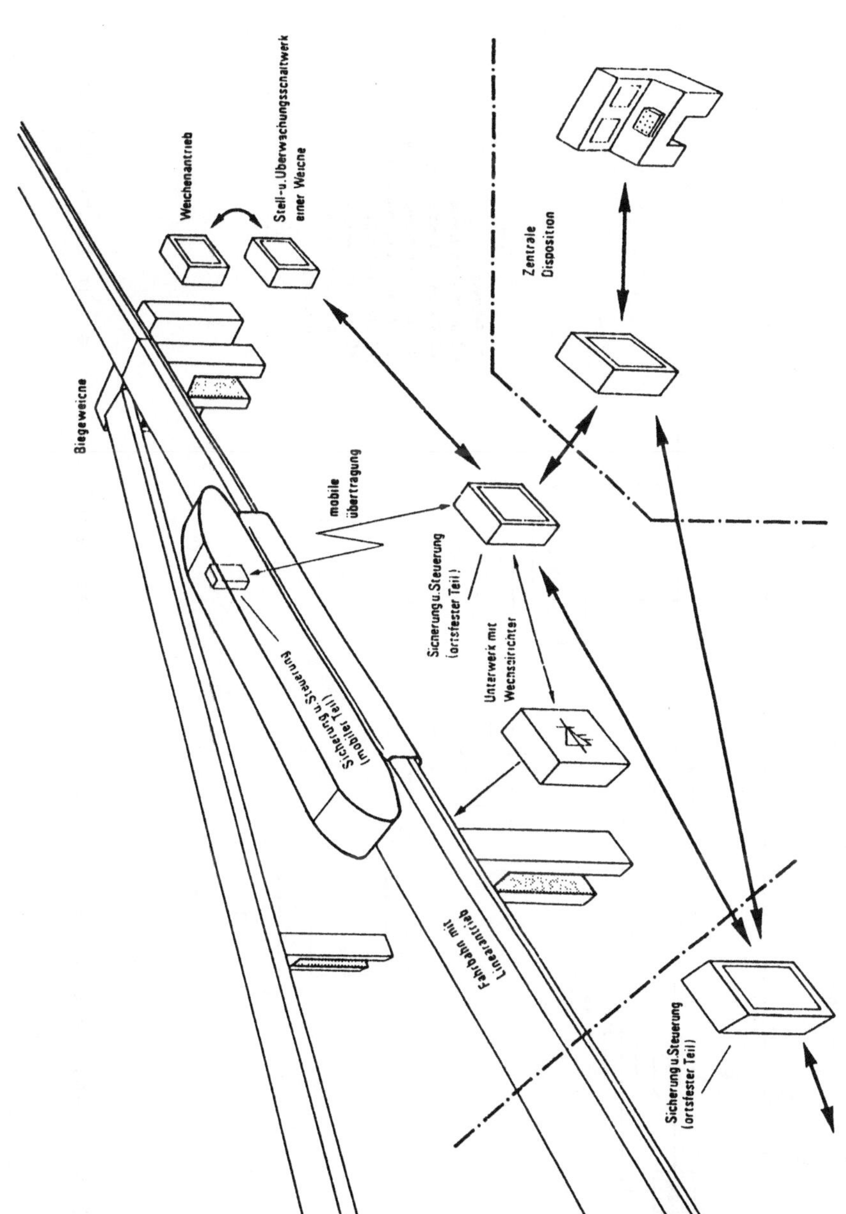

Bild 7.6. Grundkonfiguration eines Betriebsleitsystems für Magnetbahnen

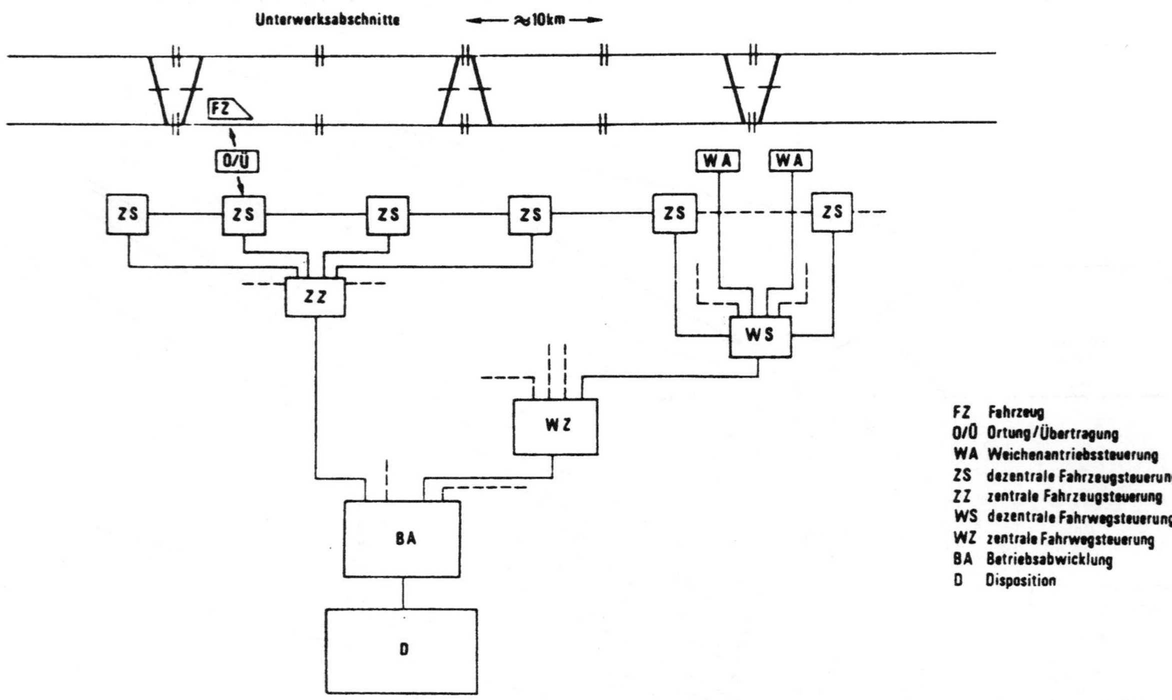

Bild 7.7. Räumlich-hierarchische Gliederung eines Betriebsleitsystems für Magnetbahnen

7.4.5 Fahrerlose Transportsysteme in der automatisierten Fertigung

In komplexen industriellen Produktionsanlagen gewinnt eine automatisierte Fertigungs- und Materialflußsteuerung eine immer größere Bedeutung, insbesondere in der Kombination mit Industrierobotern.

Für den Transport in und zwischen Lager- und Fertigungsbereichen werden beispielsweise fahrerlose Flurförderfahrzeuge und Hochregallagerfahrzeuge (siehe z.B. /90, 91/) eingesetzt, wobei natürlich auch ein hierarchisch gegliedertes Leitsystem zur Planung, Durchführung und Überwachung der Transportvorgänge benötigt wird.
Im Vergleich zu den Leitsystemen für Bahnen sind hier geringere Sicherheitsanforderungen zu erfüllen, was sich bereits aus den Fahrgeschwindigkeiten von nur wenigen m/s ergibt.
Bild 7.8 zeigt die Grundkonfiguration eines Leitsystems, wie es für den Betrieb mit fahrerlosen batteriegetriebenen Flurförderfahrzeugen eingesetzt wird. Die automatische, elektronisch realisierte Spurführung wird vielfach über in den Fahrwegen verlegte Leitkabel vorgenommen, die auch zum Datenaustausch mit den Fahrzeugen dienen.
An "strategisch wichtigen" Stellen können auch optische Übertragungsstrecken zum Einsatz kommen. Auf den Fahrzeugen befinden sich neben Antriebssteuerungen Fahrwegspeicher und Einrichtungen zur Aufnahme von Ziel- und Positionskennungen, die von dezentralen, bestimmten Bereichen des Fahrwegnetzes zugeordneten Steuerungsrechnern geliefert werden.
Die dezentralen Bereichsrechner, die also die Fahrzeugsollwerte übermitteln, kommuzieren mit einem zentralen Dispositionsrechner, der die Auftragsverwaltung und Fahrzeugdisposition übernimmt und mit einem weiteren übergeordneten Leitrechner zur globalen Fertigungs- und Materialflußsteuerung verbunden werden kann.

Dieser kurze Überblick zeigt, daß wie bei den zuvor behandelten Leitsystemen drei Hauptbereiche mit spezifischen Aufgaben vorkommen:
- fahrzeugseitige Steuerung
- dezentrale fahrwegseitige Steuerung
- zentrale Koordination.

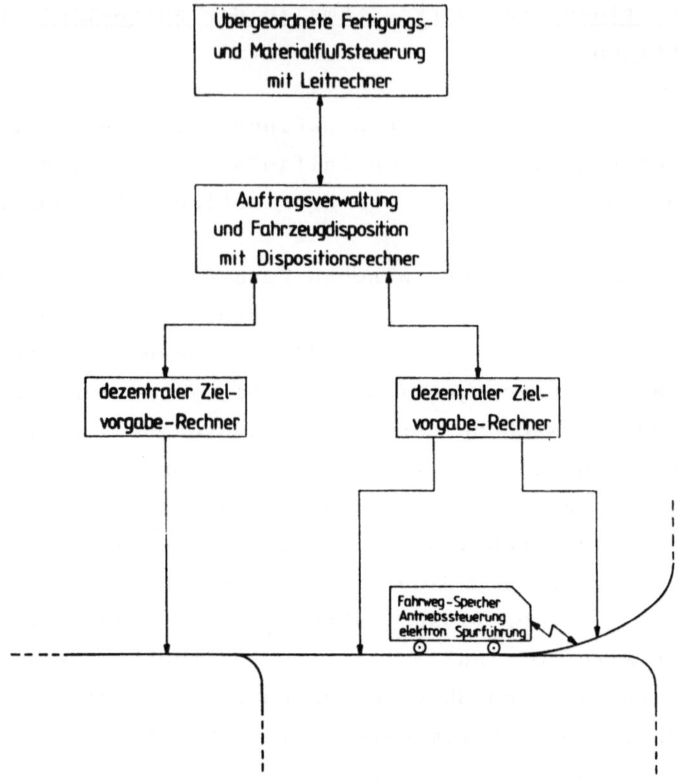

Bild 7.8. Hierarchisches Leitsystem für automatisch gesteuerte Flurförderfahrzeuge

8 Gesichtspunkte der Automatisierung

8.1 Möglichkeiten und Grenzen der Automatisierung

Wie bei anderen Problemen der Prozeßautomatisierung stellt sich auch
bei spurgebundenen Transportsystemen die Frage nach dem günstigsten
Automatisierungsgrad. Welche Transportvorgänge sollten manuell,
welche von technischen Einrichtungen gesteuert werden? Welche Über-
wachungsfunktionen sollte man nach wie vor dem Betriebspersonal
überlassen? Diese Fragen lassen sich natürlich nicht generell be-
antworten, sondern sind im Zusammenhang mit einer speziellen Anlage
mit bekannten Anforderungen zu untersuchen. Die im vorhergehenden
Abschnitt aufgeführte Liste der Teilaufgaben des Leitsystems ist
allgemeingültig und damit unabhängig vom Automatisierungsgrad, doch
sie gibt erste Hinweise auf plausible Lösungen. So ist es ohne weiteres möglich, daß technische Einrichtungen auf dem Fahrzeug und am
Fahrweg die Funktionen eines Fahrers übernehmen. Im Extremfall befindet sich nur noch in der Leitzentrale einiges Betriebspersonal,
das bei Störungen und Ausfällen eingreifen soll.

Angepaßt an die gewünschten Betriebseigenschaften sind zahlreiche
technische Realisierungen möglich. Ihr Aufwand muß durch eindeutige
Vorteile in der Betriebsleistung und -qualität gerechtfertigt
werden. Neben den in Abschnitt 7.1 genannten Zielgrößen des Leitsystems sind hier insbesondere die folgenden Punkte zu nennen:

- Erhöhung der Leistungsfähigkeit, der Bedienungshäufigkeit und
  der betrieblichen Flexibilität,
- Verkürzung der Fahrzeiten,
- Einsparung an Antriebsenergie,
- Erhöhung der Systemzuverlässigkeit,
- Verringerung des Reparatur- und Wartungsaufwands,
- Entlastung des Betriebspersonals.

Im Hinblick auf den Entwurf von Leitsystemen ergibt sich damit ein
notwendiger Kompromiß: einerseits sollen die Vorteile automatisch
arbeitender Einrichtungen so weit wie möglich genutzt werden, andererseits sind von vornherein alle möglichen Störungen und Ausfälle, die ja auch durch das Verhalten der Fahrgäste bewirkt werden
können, zu berücksichtigen, wodurch sich Grenzen für Automati-
sierungsmaßnahmen ergeben. Aus der Sicht des Betriebspersonals
ist vor allem das Problem anzuführen, daß eventuell nur schwierige
zusammenhanglose Teilaufgaben übrigbleiben, die außerdem nur in
seltenen, aber dafür besonders kritischen Fällen (z.B. in Notsi-
tuationen) gelöst werden müssen. Somit ist bei der Festlegung der
Teilaufgaben und des Informationsaustausches im Gesamtsystem das
Verhalten und die Kenntnisse des Betriebspersonals unbedingt zu
berücksichtigen. Diese Problematik wird ausführlich und aus all-
gemeiner Sicht in /92/ behandelt.

8.2 Automatisierungsstufen

Auch bei der Diskussion verschiedener Automatisierungsstufen zeigt
sich das entscheidende Problem, daß neben dem planmäßigen Ablauf
auch das gewünschte Betriebsverhalten bei Störungsfällen berücksichtigt werden muß. Eine optimale Aufgabenverteilung zwischen
Automatisierungseinrichtungen und dem Betriebspersonal ist von
vornherein nicht erkennbar.

Bei der Aufzählung der prinzipiellen Automatisierungsmöglichkeiten
bietet es sich an, von der jeweiligen Mitwirkung des fahrzeug- und
fahrwegseitig tätigen Betriebspersonals auszugehen.

8.2.1 Dezentrale Aufgaben

Der klassische und nach wie vor plausible Fall liegt vor, wenn wie
bei konventionellen Bahnen ein großer Teil der Sicherheitsverantwortung beim Fahrer liegt, der durch optische Anzeigen am Fahrweg
informiert wird. Dabei können einfache, punktförmig wirkende technische Einrichtungen für eine Überwachung seiner Bedienungshandlungen sorgen (siehe z.B. /36, 37, 38/). Weiterhin kann bei der
Bremsung des Fahrzeugs die Einhaltung vorgeschriebener Toleranz-
bereiche durch einfache informationsverarbeitende Geräte geprüft
werden.

In einer nächsten Stufe können dem Fahrer aufbereitete Informationen
zur Verfügung gestellt werden. Diese Lösung wird mit Führerstands-
signalisierung bezeichnet /71/. Zur Anzeige können beispielsweise
der Abstand zum nächsten Gefahrenpunkt, die zulässige und eventuell
die empfohlene Geschwindigkeit gebracht werden. Für die Regelung der
Fahrzeugbewegung gibt es hier die beiden Möglichkeiten, daß der
Fahrer manuell entweder direkt die Sollantriebskraft oder die Sollgeschwindigkeit vorgibt. Im zweiten Fall sorgen unterlagerte Regel-
kreise für das Erreichen und Einhalten der gewünschten Geschwindigkeit. Bereits aus diesen Überlegungen wird deutlich, daß die vollautomatische Durchführung der Fahrt zumindest zwischen zwei Stationshalten kein allzu schwieriges technisches Problem darstellt.

Wie bereits angedeutet wurde, ist dagegen das Weiterfahren nach
einer größeren Störung problematisch. Zwei grundsätzliche Lösungs-
möglichkeiten seien genannt:

- Ersatzbetrieb (z.B. mit einem "Zugbegleiter", für den eine
  Eingriffmöglichkeit zur Handsteuerung vorhanden sein müßte),
- Abschleppen eines wegen eines Defekts oder aus anderen
  Gründen liegengebliebenen Fahrzeugs durch ein planmäßiges
  nachfolgendes Fahrzeug oder durch ein Sonderfahrzeug.

Ein weiterer kritischer Punkt ist der Kontakt zwischen Fahrgästen
und Bedienungspersonal im Gefahrenfall und gegebenenfalls das Bergen
der Fahrgäste, insbesondere auf Tunnelstrecken und bei aufgeständer-
tem Fahrzeug.

Zusammenfassend läßt sich sagen, daß ein fahrerloser Betrieb bei
selten auftretenden Ausfällen und Störungen (insbesondere auch durch
"systemfremde Hindernisse" auf dem Fahrweg) ohne weiteres möglich
ist, jedoch nur dann sinnvoll ist, wenn bestimmte technische, betriebliche und bauliche Voraussetzungen erfüllt sind.

Zahlreiche technische Lösungen für die Aufgabe der teil- oder voll-
automatischen Fahrt bei konventionellen Bahnen findet man in der
einschlägigen Literatur unter den Stichworten

- linienförmige Zugbeeinflussung (LZB),
- automatische Fahr- und Bremssteuerung (AFB),

siehe beispielsweise /93-98/ und /99, 100/.

Als nächster Diskussionspunkt ist die Frage zu nennen, wer den
Abfahrbefehl nach einem Stationshalt gibt. Dies kann automatisch,
durch die Fahrgäste, durch den Fahrer oder den Zugbegleiter oder
durch das Stationspersonal oder auch durch das Bedienungspersonal in
einer Leitzentrale geschehen.

8.2.2 Zentrale Aufgaben

Auch bei der Untersuchung der Frage, welche Aufgaben das vorwiegend
an zentraler Stelle tätige Betriebspersonal (z. B. Fahrdienst- und
Betriebsleiter, Disponenten) übernehmen sollte und wie es von ein-
tönigen oder sehr schwierigen Arbeiten entlastet werden kann, findet
man zahlreiche Varianten.

Beim wichtigen und komplexen Bereich der Fahrwegsicherung und
-steuerung, auf den hier nur andeutungsweise eingegangen werden
kann, ist zu unterscheiden, ob die Fahrwege manuell (mit oder ohne
Prüfung durch technische Einrichtungen) oder prozeßabhängig automatisch eingestellt und aufgelöst werden. Hier sind u.a. Einrichtungen wie zentale oder ferngesteuerte lokale Stellwerke, dezentrale Zuglenkrechner sowie zentrale Dispositions- und Bedienungs-
rechner zu nennen (vgl. auch Abschnitt 7.4).

Daraus läßt sich die Tendenz ablesen, daß fahrplanmäßige Betriebs-
fälle vorzugsweise durch Prozeßrechner behandelt werden und das
Betriebspersonal bei Störungen in Aktion tritt.

Bis auf den Bereich der Behandlung schwieriger Störfälle ist eine
vollautomatische Betriebsführung realisierbar, wobei aber Eingriffe
und Bedienungshandlungen des Personals ermöglicht werden müssen.

Für die Disposition liegt es nahe, eine automatische Fahrplan-
kontrolle vorzusehen und zur Erkennung von Konflikten sowie als
Entscheidungshilfe zentrale Rechner einzusetzen. Die erforderlichen
dispositiven Anweisungen des Personals können direkt an die "unterlagerten" Zuglenkrechner und Stellwerke weitergegeben werden, wo die
gewünschten Fahrwege eingestellt werden. Dabei können auch Vorgaben
berücksichtigt werden, die direkten Einfluß auf die Bewegungen der
einzelnen Fahrzeuge haben sollen; dabei wird vorausgesetzt, daß
diese dispositiven Vorgaben über die Informationsverarbeitung in
der dezentralen Sicherung und Steuerung in gewünschte Fahrbefehle
umgesetzt werden können.

8.2.3 Folgerungen

Zusammenfassend sollen noch einmal einige wichtige allgemeine Punkte der Automatisierung bei Bahnen genannt werden. Bei der Auswahl geeigneter Automatisierungsstufen sind vor allem die folgenden Problembereiche zu beachten:

- Erkennen und Beseitigen von systemfremden Hindernissen auf dem Fahrweg,
- Kontakt mit den Fahrgästen im Gefahrenfall,
- Behandlung von größeren Störfällen,
- Aufgabenverteilung "Mensch-Maschine",
- Aufwand, Komplexität und Verfügbarkeit der technischen Komponenten.

Bei allen Varianten, die in den beiden vorhergehenden Abschnitten angeführt werden, sind aus Sicht der Informationsübertragung und -verarbeitung u.a. folgende Gesichtspunkte zu berücksichtigen:

- die für die Durchführung der einzelnen Aufgaben erforderlichen Informationen,
- Minimierung des Übertragungsaufwands,
- Informationsfluß im Gesamtsystem.

Darauf wird im Rahmen von Kapitel 9 noch näher eingegangen.

8.3 Automatisierungs bei neuen Transportsystemen

Bei konventionellen Transportsystemen ist die Struktur des Leitsystems zusammen mit der Weiterentwicklung der Fahrzeug- und Fahrwegtechnik historisch gewachsen. Dabei hat sich ein an die Betriebskonzepte und an die baulichen Randbedingungen angepaßter Automatisierungsgrad ergeben, der nur in Teilbereichen, insbesondere bei den
prozeßnahen dezentralen Elementen sinnvoll erhöht werden kann.
Dagegen besteht bei neuen Transportsystemen wie beispielsweise
Magnet- und Kabinenbahnen die Chance, aber auch die Notwendigkeit,
sowohl den Betrieb als auch seine Sicherung und Steuerung losgelöst
von herkömmlichen Konzepten zu optimieren (vgl. Abschnitte 7.4.3 und
7.4.4).

In der nachfolgenden Übersicht (Bild 8.1) sind einige typische
Eigenschaften von Kabinenbahnen und von Magnetschnellbahnen gegenübergestellt worden. Obwohl es sich zunächst um völlig unterschiedliche Probleme und Lösungswege zu handeln scheint, können in
beiden Fällen dieselben Methoden für den Entwurf von Leitsystem
angewendet werden.

Diese beiden Bahnen besitzen naturgemäß sehr unterschiedliche
betriebliche Kenndaten. Bei einer Magnetschnellbahn soll die
Betriebsgeschwindigkeit zwischen 300 und 400 km/h liegen, der
Stationsabstand wird 50 bis 200 km betragen, der zeitliche
Mindestabstand zweier Fahrzeuge kann mit ca. 6 min abgeschätzt
werden.

Die vergleichbaren Werte einer Kabinenbahn sind z. B. der Bereich
50 bis 80 km/h für die Betriebsgeschwindigkeit, 300 bis 1500 m für
den Stationsabstand sowie 60 s für die minimale Fahrzeugfolgezeit.

Trotz dieser recht unterschiedlichen Betriebsbedingungen sind
wesentliche Gemeinsamkeiten zu verzeichnen, insbesondere ist
zunächst der in beiden Fällen notwendige automatische Fahrbetrieb
zu erwähnen.

Auf der einen Seite erfordert ein durch einen Langstatormotor gegebener fahrwegseitiger Antrieb bei einer Magnetbahn zwingend eine
Fernsteuerung. Weiterhin ist der extrem lange Bremsweg zu beachten,
für den bei einer Anfangsgeschwindigkeit von 400 km/h ein Wert von
ca. 8 km berechnet wird.

Auf der anderen Seite erfordern Kabinenbahnen einen personalarmen
Betrieb, da ihre hohe Fahrzeugdichte unter anderem ein manuelles
Stellen von Signalen und Weichen nicht zuläßt. Weitere, bei konventionellen Bahnen von Fahrzeugführern wahrgenommene Aufgaben
sollen durch technische Einrichtungen durchgeführt werden.

Neben gewissen Vereinfachungen

(z. B. - einheitliche Fahrzeuge,
       - Vorgabe eines vereinfachten Geschwindigkeitsverlaufs im Normalbetrieb,
       - Anwendung von Taktfahrplänen),

welche eine Automatisierung erleichtern, findet man die folgenden
Übereinstimmungen:

- Die zu lösenden Aufgaben besitzen große Ähnlichkeit.
- Die Entwurfsmethoden sind allgemeingültig.
- Es können teilweise die gleichen Komponenten in den beiden
  Systemen zum Einsatz kommen.

Die räumliche Anordnung der Subsysteme ist selbstverständlich
unterschiedlich (vgl. Abschnitte 7.4.3 und 7.4.4).

Bei der Untersuchung der Leittechnik für spurgebundene Transportsysteme ist die Anwendung bei Magnet- und Kabinenbahnen besonders bemerkenswert, weil hier eine weitgehende Automatisierung
sinnvoll und möglich ist. Die Ergebnisse können teilweise auch
bei konventionellen Bahnen Berücksichtigung finden.

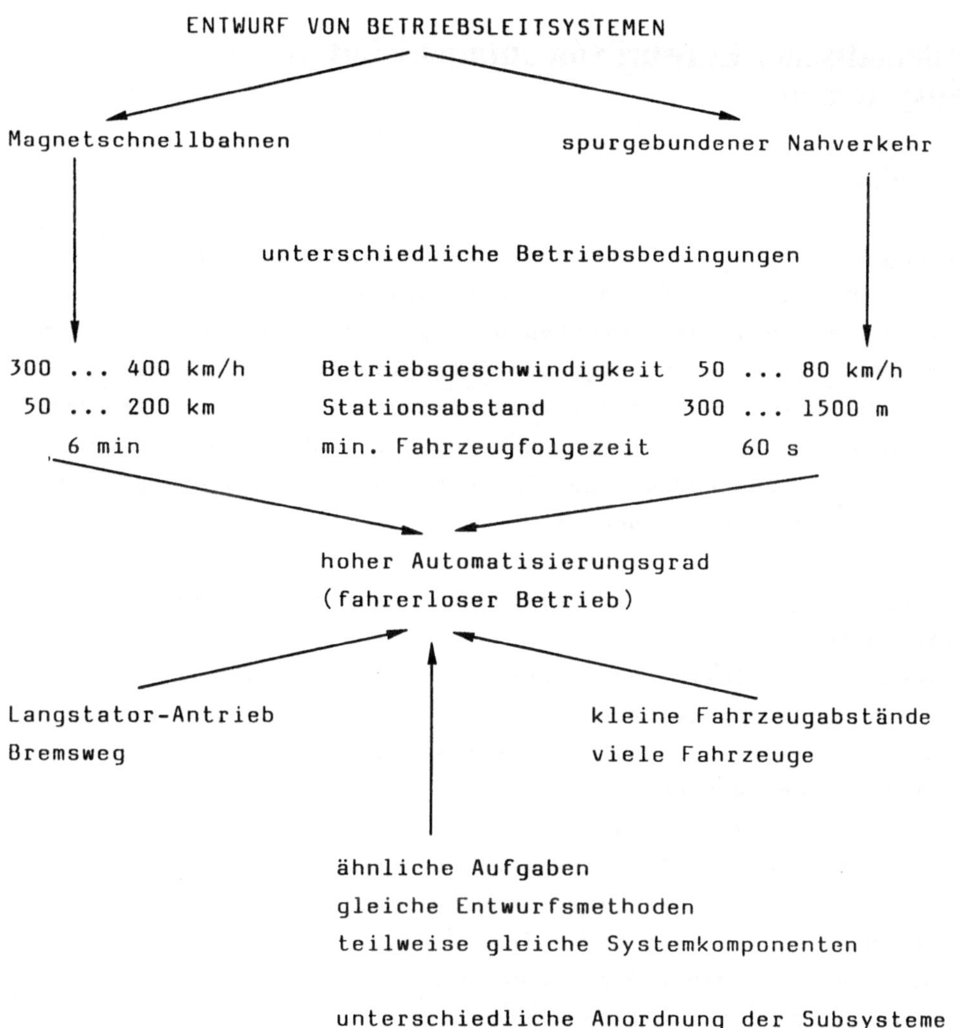

Bild 8.1. Betrieb und Automatisierung bei neuen Transportsystemen

9 Systematischer Entwurf von automatisierten Leitsystemen

9.1 Überblick

Es ist angebracht, einige besonders wichtige Entwurfskriterien und
-schritte, wie sie auch für andere Prozeßautomatisierungssysteme
gelten, zu erwähnen, bevor bahntypische Gesichtspunkte näher untersucht werden. Mit der nachfolgenden Aufzählung ist keine strenge
zeitliche Reihenfolge der Bearbeitung verbunden, zumal die meisten
Punkte ohnehin in Wechselwirkung untereinander stehen und mehrere
"Durchläufe" bis zum endgültigen Entwurf eines Leitsystems erforderlich sind. Zu berücksichtigen sind u.a.:

- Festlegung der Aufgaben und Leistungen für normalen und ge-
  störten Betrieb,
- Festlegung der allgemeinen technischen Anforderungen,
- Untersuchung und Optimierung der funktionellen und räumlich-
  technischen Gliederung des Leitsystems unter Bildung von Ver-
  arbeitungsschwerpunkten,
- Analyse des Informationsflusses,
- Berücksichtigung zeitlicher Bedingungen und Beschränkungen,
- Bildung von modularen Hardware- und Softwarestrukturen,
- Beurteilung des Gesamtaufwands für Datenübertragung und
  -verarbeitung der einzelnen technischen Lösungen,
- Überprüfung von Zuverlässigkeitswerten.

Der Nutzen von Simulationsmodellen (hier des Bahnbetriebs und seiner
Steuerung im weitesten Sinne) ist offenkundig. Die Simulations-
technik gehört seit einiger Zeit zum "Standardhandwerkzeug" bei
der Entwicklung von Prozeßautomatisierungssystemen und kann in
allen Entwurfsphasen mit an die Fragestellungen angepaßten Modellen zur Anwendung kommen (siehe auch die Ausführungen im nächsten
Abschnitt).

9.2 Bedeutung und Nutzen der Fahrdynamik und Simulationstechnik

Die Bedeutung von fahrdynamischen Kenngrößen und Zusammenhängen
nicht nur für die mathematische Beschreibung der Fahrzeugbewegungen,
sondern auch für die Anforderungen an die Betriebsleittechnik wird
aus den Betrachtungen der Kapitel 2 bis 6 deutlich. Im Hinblick auf
den Entwurf von Leitsystemen sollen die folgenden Gesichtspunkte
fahrdynamischer Untersuchungen noch einmal betont werden:

- einfache Definition des gewünschten Betriebsablaufs anhand
  von Sollkurven,
- Nachweis der Leistungsfähigkeit der Anlage (z. B. anhand von
  Fahr- und Zugfolgezeiten),
- Entwicklung von Algorithmen u.a. zur Geschwindigkeitsvorgabe
  und -regelung, Fahrplanüberwachung und -regelung,
- Beurteilung der Wirksamkeit dispositiver Maßnahmen.

Die mit diesen Punkten verbundenen Aktivitäten können durch geeignete Simulationsmodelle wirkungsvoll unterstützt werden. Aus
Bild 9.1, das verschiedene Rechnerkonfigurationen zur Simulation des
Bahnbetriebs mit Nachbildung wesentlicher betriebstechnischer Funktionen zeigt, wird das breite Einsatzspektrum von Simulationsmodellen in diesem Bereich deutlich. Während bei einer "globalen
Simulation" mit einem einzelnen Rechner (Bild 9.1a) die Analyse
und Demonstration übergeordneter Zusammenhänge im Vordergrund steht
(vgl. z. B. /17/), können beim Einsatz mehrerer gekoppelter Rechner
die Aufgaben geteilt und verfeinert werden. In der fortgeschrit-
tensten Version (Bild 9.1d) können reale Komponenten des zu ent-
wickelnden Leitsystems im Rahmen der Simulationsanlage getestet und
erprobt werden. Hier kommt es sowohl auf die Implementierung von
Algorithmen und Anwenderprogrammen als auch auf das Zusammenspiel
der Komponenten im Echtzeitbetrieb an.

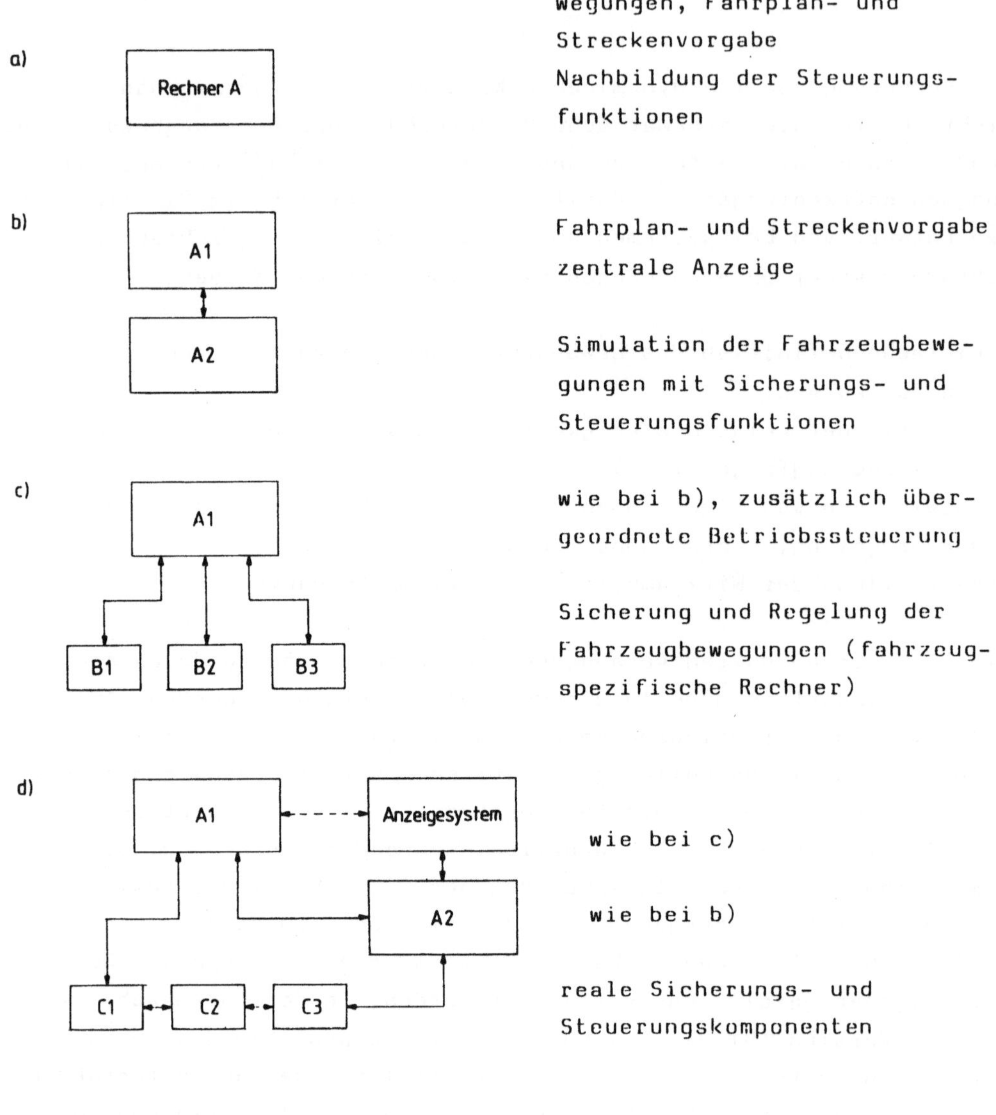

Bild 9.1. Varianten zur Systemsimulation und -erprobung

9.3 Symbolische Darstellung der betrieblichen Anforderungen

Im vorhergehenden Abschnitt war die Notwendigkeit und die Zweck-
mäßigkeit, fahrdynamische Zusammenhänge in den Entwurf eines
Betriebsleitsystems einzubeziehen, noch einmal stichwortartig
begründet worden. An dieser Stelle sollen wichtige Eigenschaften
des zu sichernden und zu steuernden Betriebes, wie sie in den
Kapiteln 2 bis 6 ausführlich behandelt worden sind, in konzen-
trierter Form zusammengefaßt werden, um so einen Überblick über
das gesamte Gebiet zu ermöglichen.

Bei diesem vereinfachten mathematischen Modell wird von der nicht-
linearen Bewegungsgleichung eines Fahrzeugs ausgegangen:

$$\dot{v} = \frac{dv}{dt} = \frac{F}{m} - \frac{G(v)}{m} \qquad (9.1)$$

mit der Antriebskraft F, der Masse m und dem geschwindigkeitsab-
hängigen Fahrwiderstand (2.4)

$$G(v) = g_0 + g_1 v + g_2 v^2 \quad .$$

Zur Fahrt zwischen zwei Stationen mit dem Abstand L gehören die
Fahrzeit

$$T_F = \int_0^L \frac{dx}{v(x)} \qquad (9.2)$$

und der Energieverbrauch (6.12)

$$W = \int_0^{T_F} F(t)v(t)dt.$$

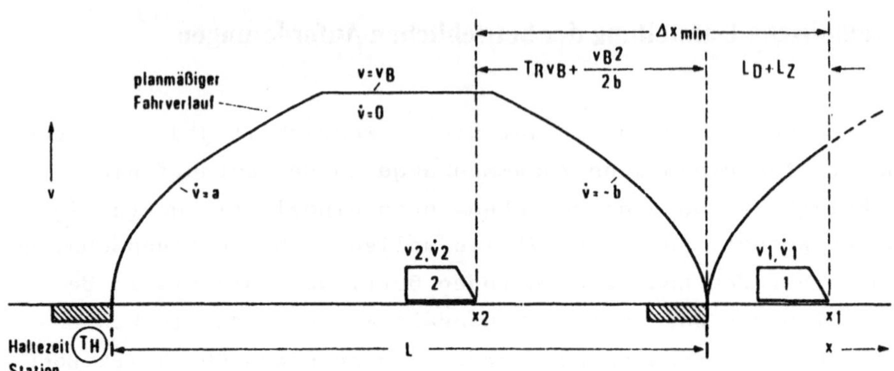

Bild 9.2. Geschwindigkeits-Weg-Diagramm zur Symbolisierung
der betrieblichen Anforderungen

Bild 9.2 zeigt ein idealisiertes planmäßiges Fahrspiel zwischen zwei
Stationen im Geschwindigkeits-Weg-Diagramm mit den drei typischen
Phasen $\dot{v}$ = a, $\dot{v}$ = 0 und $\dot{v}$ = -b.
Dabei sind verschiedene Beschränkungen zu beachten.

Der räumliche Mindestabstand zwischen zwei Fahrzeugen, der nicht
unterschritten werden soll, beträgt bei einer idealen Abstandssicherung (vgl. Abschnitt 4.1)

$$\Delta x_{min} = T_R v_B + \frac{v_B^2}{2b} + L_D + L_Z \quad , \tag{9.3}$$

bezogen auf die Betriebsgeschwindigkeit v_B. Allgemein gilt

$$x_1 - x_2 \geq \Delta x_{min}(v). \tag{9.4}$$

Zu dem dargestellten Abstand (Zeitpunkt der Stationsfreimeldung, bezogen auf Fahrzeug 1) gehört das Zeitintervall (betriebliche Mindestzugfolgezeit) (4.2)

$$\tau_{min} = T_R + \frac{v_B}{b} + T_H + \sqrt{2 \frac{L_D + L_Z}{a}} \quad .$$

Für einen realisierbaren Fahrplan ist die Bedingung

$$\tau_{12} \geq \tau_{min} \tag{9.5}$$

zu berücksichtigen. Während der Fahrt sind weitere Beschränkungen einzuhalten, und zwar der Antriebskraft und -leistung, der Geschwindigkeit, der Beschleunigung und des Ruckes:

$$F \leq MIN \left\{ F_0, \frac{P_0}{v} \right\} \tag{9.6a}$$

$$v \leq v_{zul} \tag{9.6b}$$

$$\left| \frac{dv}{dt} \right| \leq a_{max} \tag{9.6c}$$

$$\left| \frac{d^2v}{dt^2} \right| \leq q_{max} \quad . \tag{9.6d}$$

Bei der zulässigen Geschwindigkeit sind die Eigenschaften des Fahrzeugs, des Fahrwegs und der Abstandshaltevorschrift in Betracht zu ziehen:

$$v_{zul} = MIN \left\{ v_{zul}\,(FZ),\ v_{zul}\,(FW),\ v_{zul}\,(AS) \right\} . \tag{9.7}$$

Zur Optimierung der Fahrweise können abhängig von der Betriebssituation die folgenden Kriterien vorgegeben werden.

- Fahrt zwischen zwei Stationen mit minimaler Fahrzeit:

$$T_F = \int_0^L \frac{dx}{v(x)} \longrightarrow MIN \quad ; \tag{9.8}$$

- Fahrt mit minimalem Energieverbrauch bei fest vorgegebener Fahrzeit $T_F > T_{Fmin}$, wobei hier als Beispiel die Kombination elektrischer Antrieb / mechanische Bremse (vgl. Abschnitt 6.3.2) gewählt wurde:

$$W = \frac{1}{2} \int_0^{T_F} (F + |F|)\, vdt \longrightarrow MIN \quad ; \tag{9.9}$$

- "zustandsoptimale" Fahrweise bei Abweichungen vom Fahrplan unter Anpassung der Sollfahrzeit und Sollgeschwindigkeit an die aktuelle Betriebssituation, vgl. Abschnitt 6.4, (6.35)

$$J = \int_{x_0}^{x_s} v^k \left(\frac{dv}{dx}\right)^2 dx \longrightarrow MIN$$

mit (6.34)

$$T_s = \int_{x_0}^{x_s} \frac{dx}{v(x)} \quad .$$

9.4 Prinzipien des Systemarchitektur

Für den Entwurf eines Betriebsleitsystems kann davon ausgegangen
werden, daß der Aufgabenrahmen (vgl. Abschnitt 7.2) weitgehend fest-
liegt und daß die Lösung der einzelnen Aufgaben durch fahrzeugseitige, fahrwegseitige dezentrale und zentrale Einrichtungen sinnvoll ist. Dies läßt noch gewisse Freiheiten zur Aufgabenverteilung
zu.
Die räumlich-technische Feinstruktur sollte erst dann endgültig
festgelegt werden, wenn folgende Bedingungen erfüllt sind:

- Bildung von günstigen Verarbeitungsschwerpunkten,
- modularer Aufbau von Hard- und Software,
- ausgewogener Aufwand für Datenübertragung und -verarbeitung
  (eine altbekannte einfache Regel besagt, daß die Informationen
  möglichst dort verarbeitet werden sollen, wo sie anfallen),
- Minimierung von Anzahl und Umfang der Komponenten mit Sicherheitsverantwortung,
- klare Trennung von Funktionen mit und ohne Sicherheitsrelevanz
  (dies ist bereits erforderlich, um die aufwendige behördliche
  Prüfung zu erleichtern; andererseits, und das bedeutet keinen
  Widerspruch dazu, sollten die für die Sicherung ohnehin erforderlichen Eingangsinformationen möglichst vielseitig verwendet
  werden),
- Erfüllbarkeit der Forderungen an Zuverlässigkeit, Verfügbarkeit
  und Fehlertoleranz,
- als letztlich entscheidener Punkt natürlich die Eignung der zur
  Verfügung stehenden technischen Komponenten.

Auf den Informationsfluß im Gesamtsystem, dem offensichtlich eine
große Bedeutung zukommt, wird im folgenden Abschnitt eingegangen.

9.5 Informationsfluß

9.5.1 Funktionell orientierte Darstellung

Bevor der gerätetechnisch orientierte Informationsfluß anhand von
speziellen Systemlösungen diskutiert wird, sollen zunächst als Vorbereitung die für die Bearbeitung der einzelnen Teilaufgaben erforderlichen Informationen analysiert werden. Dies geschieht anhand von
typischen Teilaufgaben, wie sie bereits in Kapitel 7 erläutert
wurden. Tabelle 9.1 zeigt die Zuordnung von wichtigen Zustands- und
Sollgrößen sowie Festwerten zu Aufgaben mit und ohne Sicherheitsrelevanz. Darüber hinaus sind einige Ausgangsgrößen angegeben, die bei
der Lösung der angegebenen Aufgaben erzeugt werden und wiederum als
Eingangsgrößen für die Bearbeitung anderer Aufgaben notwendig sind.
Bei dieser Zusammenstellung wird zunächst noch nicht untersucht, ob
bestimmte Eingangsinformationen für verschiedene Aufgaben mit
gleicher Genauigkeit oder Häufigkeit benötigt werden.

Die in Tabelle 9.1 gezeigten Zusammenhänge lassen sich auch grafisch
darstellen. Damit solche Darstellungen nicht zu unübersichtlich
werden, sollte man sich zunächst auf ausgewählte Teilbereiche beschränken. Die Bilder 9.3 und 9.4 berücksichtigen die sicherheitsrelevanten Aufgaben Geschwindigkeitsüberwachung und Abstandssicherung mit zugehörigen Informationsquellen sowie die anderen drei Aufgaben aus Tabelle 9.1, nämlich Fahrplanüberwachung, Sollwertvorgabe
und Fahrzeugregelung.

Diese Beispiele sollen zeigen, daß es mit einfachen Mitteln möglich
ist, aus dem Informationsfluß auf günstige Verarbeitungsschwerpunkte
zu schließen, wie sie für die Realisierung erforderlich sind. Dazu
gehört natürlich auch die Zusammenfassung der Einzelinformationen,
damit optimierte Datenkanäle als Verbindungen zwischen den leittechnischen Komponenten und Geräten festgelegt werden können.

Aufgabe	Eingangsgrößen													Ausgangsgrößen						
	Position	Geschwindigkeit	Beschleunigung	Zielpunkt	Sollgeschwindigkeit	Sollbeschleunigung	Betriebsbremsverzögerung	Zwangsbremsverzögerung	Soll-Ankunftszeit(punkt)	Haltezeit	Haltepunkt	nächster Gefahrenpunkt	zulässige Geschwindigkeit	Zielpunkt	Sollgeschwindigkeit	Sollbeschleunigung	Soll-Ankunftszeit(punkt)	nächster Haltepunkt	Sollantriebskraft	Zwangsbremsauslösung
	x	v	$\dot{v}$	x_z	v_s	a_s	b_o	b_{zw}	t_{an}	T_H	x_H	x_G	v_{zul}	x_z	v_s	a_s	t_{an}	x_H	F_s	ZBA
Abstandssicherung	x	x					x	x				x							(x)	x
Geschwindigkeits-überwachung	x	x											x						(x)	x
Fahrzeugregelung	x	x	x	x	x	x	(x)												x	
Sollwertvorgabe	x	x	(x)				(x)		x	x	x	(x)	(x)	x	x	x				
Fahrplanüberwachung	x	(x)															x	x		

Tabelle 9.1. Zuordnung von Prozeßinformationen zu wichtigen Aufgaben

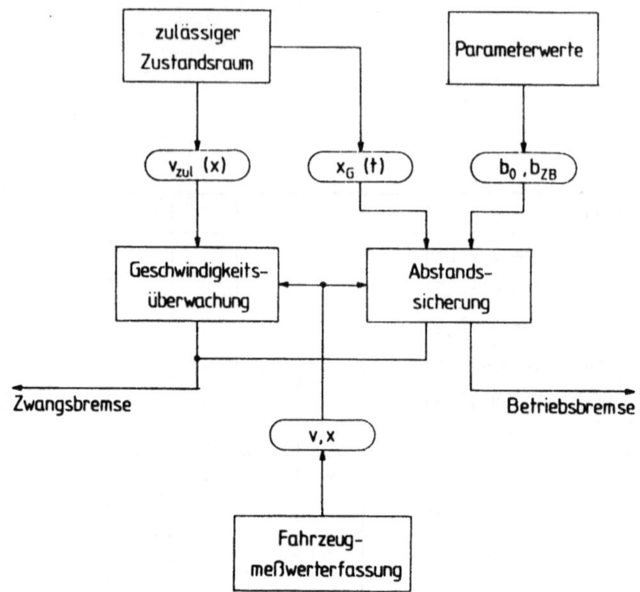

Bild 9.3. Informationen und Funktionen der Fahrzeugsicherung

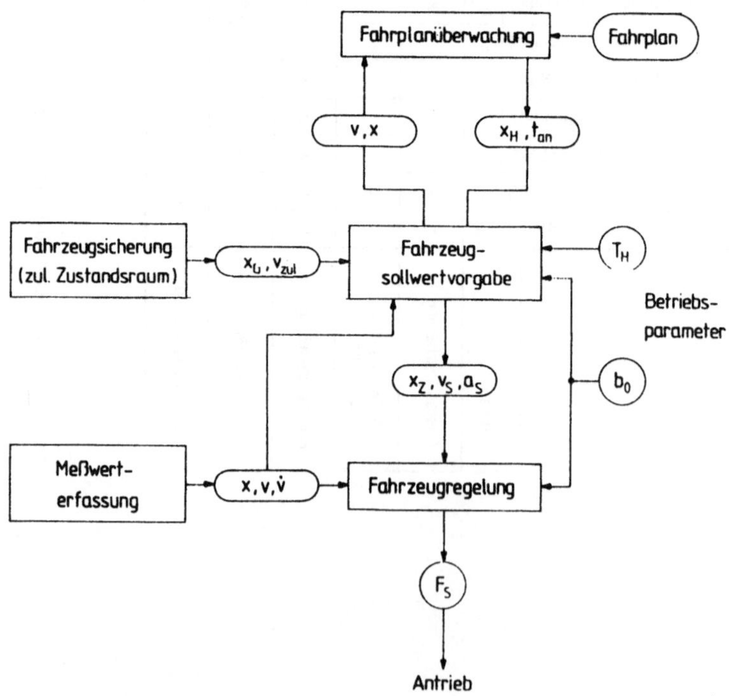

Bild 9.4. Informationen und Funktionen der Betriebs- und Fahrzeugsteuerung

9.5.2 <u>Gerätetechnisch orientierte Darstellung</u>

Im nächsten Schritt soll die Kommunikation zwischen den dezentralen
Komponenten eines Leitsystems untersucht werden. Als Beispiel dient
dabei ein Nahverkehrssystem. Die Antriebe und Bremsen befinden sich
auf den Fahrzeugen und demzufolge auch die Komponente "Fahrzeugregelung" mit den Teilaufgaben zur Beschleunigungs- und Geschwindigkeitsregelung sowie zur Zielbremsung. Sowohl auf den Fahrzeugen als
auch am Fahrweg sind sicherungstechnische Einrichtungen erforderlich, deren Aufgabenzuteilung jedoch noch mehrere Möglichkeiten
offen läßt. Weiterhin sind auch für die Bildung der Fahrzeugsollwerte mehrere Varianten denkbar, wo beispielsweise wie bei der
Sicherung eine umfangreiche oder eine sparsame Fahrzeugausrüstung
möglich ist. Während diese Konfiguration bereits in den Abschnitten
7.4.2 und 7.4.3 diskutiert wurde, kann jetzt im Zusammenhang mit der
Aufgabengliederung (vgl. Abschnitt 7.3) und dem im vorhergehenden
Abschnitt 9.5.1 erläuterten funktionell orientierten Informationsfluß dargestellt werden, welche Informationen die einzelnen Geräte
empfangen und abgeben sollen. Bei den einzusetzenden Geräten kann es
sich z.B. um selbständige Mikrorechnersysteme mit und ohne Redundanz
handeln.

Bild 9.5 zeigt zunächst die erwähnten Geräte zur Sicherung, Steuerung und Regelung mit globalen Angaben zum Informationsaustausch,
damit dessen Wirkungsweise aus Sicht des Gesamtsystems deutlich
wird.

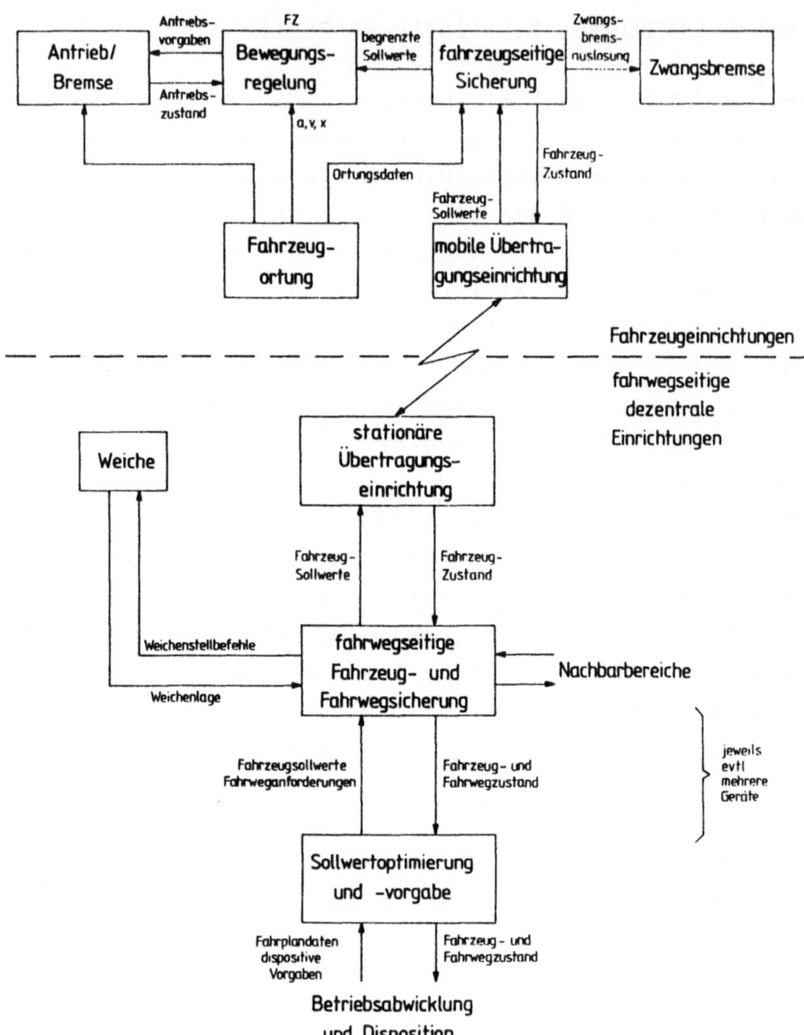

Bild 9.5. Komponenten und Informationen im dezentralen Bereich

Die Leitzentrale gibt Fahrplandaten und übergeordnete Dispositions-
daten an den dezentralen Sollwertrechner weiter, der seinerseits
aktuelle Betriebsinformationen über seinen Steuerbereich an die
Zentrale sendet. Der Sollwertrechner hat im wesentlichen die Aufgabe, die Bewegungen der Fahrzeuge und die Fahrwegzustände im Hinblick auf eine optimale Betriebsdurchführung in Einklang zu bringen.
Dazu benötigt er u.a. aktuelle Informationen über die Fahrzeugzu-
stände, die ihm über die fahrwegseitige Sicherung von den Fahrzeugen
mitgeteilt werden. In der anderen Übertragungsrichtung werden den
Fahrzeugen einzuhaltende Sollwerte übermittelt, die als Eingangsgrößen für die Fahrzeugregelung dienen, welche sie in Antriebsvor-
gaben umsetzen muß.

Zur Überwachung der Fahrzeug- und Fahrwegzustände sind die fahrzeugseitige und die fahrwegseitige Sicherung eingesetzt, die bei Über-
schreiten bestimmter Grenzwerte die Zwangsbremse auslösen.

Für den Imformationsfluß im Hinblick auf die Sicherungseinrichtungen
gibt es zwei grundsätzliche Möglichkeiten, die je nach Anwendungsfall ausgeprägte Vor- und Nachteile haben können:

- getrennte Informationsgewinnung und -übertragung für sicherungstechnische Zwecke,
- Benutzung der für die Sicherung erforderlichen Informationen auch
  im Rahmen der Steuerung.

In Bild 9.5 wurde die zweite Möglichkeit berücksichtigt, und zwar
mit dem Gedanken, daß für eine sehr feinfühlige und leistungsfähige
Fahrzeug- und Fahrwegsicherung ohnehin ein erheblicher technischer
Aufwand für die Bereitstellung von Prozeßinformationen getrieben
werden muß; diese werden weitgehend auch für die fahrzeug- und fahrwegseitige Steuerung benötigt. Eine wichtige Quelle ist dabei die
Fahrzeugortung. Der für die Betriebsleitzentrale relevante Teil der
dezentral anfallenden Informationen wird zweckmäßigerweise vom Sollwertrechner direkt weitergegeben.

Besondere Bedeutung im Gesamtsystem besitzt die Kommunikation zwischen fahrzeug- und fahrwegseitigen Komponenten. Bei vielen Varianten werden die folgenden Basisinformationen zu übertragen sein.

Fahrzeug --> fahrwegseitige Sicherung:
- Fahrzeugdaten (z.B. Fahrzeugnummer, -eigenschaften),
- Fahrtrichtung,
- Position,
- Geschwindigkeit,
- Meldung über Zwangsbremsauslösung,
- Diagnose- und Statusmeldungen.

Fahrwegseitige Sicherung --> Fahrzeug:
- Fahrzeugnummer,
- Fahrwegbereich und -abschnitt,
- Fahrwegneigung,
- nächster Gefahrenpunkt,
- zulässiges Geschwindigkeitsprofil
- Zwangsbremsauslösung,
- nächster Stationshaltepunkt,
- Zielposition,
- Sollgeschwindigkeit,
- Sollbeschleunigung.

Eine ausführliche Darstellung zu den Bereichen der Prozeßinformatik findet man in /102/, wo dieses Gebiet einführend und im Zusammenhang behandelt wird.

10 Eigenschaften ausgewählter Komponenten

Nachdem wichtige Gesichtspunkte der Fahrautomation und des Ent-
wurfes von Betriebsleitsystemen behandelt worden sind, liegt es
nahe, technische Lösungen insbesondere für solche Komponenten anzuführen, auf die bei einem automatischen Fahrbetrieb nicht verzichtet
werden kann.
Dazu gehören in erster Linie die Bausteine zur fahrzeug- und fahrwegseitigen Sicherung, zur Datenverbindung mit dem Fahrzeug und zur
Fahrzeugortung. Diese Komponenten müssen bestimmten bahnspezifischen
Forderungen genügen, während man bei der Auswahl von Komponenten für
die Bereiche der dezentralen und zentralen Steuerung relativ freie
Hand hat und beispielweise die dafür in Frage kommenden Mikro- und
Prozeßrechner im wesentlichen anhand von Leistungskriterien beur-
teilen kann.

10.1 Fahrzeugortung

Zur Bestimmung der Zustandsgrößen Position, Geschwindigkeit und
Beschleunigung sowie der Fahrtrichtung eines spurgebundenen Fahrzeugs ist ein robustes und in seiner Genauigkeit an die betrieblichen Anforderungen angepaßtes Meßsystem erforderlich. Einerseits
bestimmt die gewählte technische Lösung die erreichbare Meßgenauig-
keit, andererseits werden die zulässigen Meßfehler durch den zu
steuernden und zu sichernden Betriebsablauf bei einem Transport-
system vorgegeben. In Frage kommt vor allem eine berührungslose und
damit schlupfunabhängige Messung sowie eine vorzugsweise digitale
Meßwerterfassung.

10.1.1 Erfassung der Fahrzeugposition

Bei der Positionserfassung kann man Verfahren unterscheiden, die
- punktförmig,
- bereichsweise,
- quasi-kontinuierlich

arbeiten. Weiterhin gibt es folgende Varianten:

- fahrzeugseitige oder
- fahrwegseitige Erfassung der Fahrzeugposition

und

- passives oder
- "aktives Fahrzeug" (Einspeisung von Meßenergie).

Als Beispiele seien vier technische Lösungen angeführt und stichwortartig gekennzeichnet.

Gleisstromkreise /104-106/
- Ausnutzung der Achskurzschlusses zwischen den Fahrschienen
  (d.h. "passives Fahrzeug"),
- fahrwegseitige Einspeisung von Wechselstrom (Niederfrequenz-
  bereich),
- fahrwegseitige Erkennung der Gleisbelegung und Weitergabe
  an die auswertenden Stellen (z.B. Stellwerk),
- Markierung der Abschnittsgrenzen (Wirkbereich eines Gleis-
  stromkreises) durch Isolierstöße in den Schienen oder durch
  elektrische Schaltungen;
- die Position des Fahrzeugs innerhalb eines Gleisstromabschnitts
  ist nicht bekannt und muß gegebenenfalls mit anderen Einrichtungen bestimmt werden.

Punktförmige fahrwegseitige Ortungseinrichtungen
- Achszähler /105/,
- induktive Näherungsschalter, siehe z.B. /122/.

"Elektronische Kilometersteine" /107, 108/
- Hochfrequenz- oder Mikrowellen-Lesegeräte auf den Fahrzeugen,
- codierte Antwortgeräte am Fahrweg (in konstanten Abständen
  oder an besonderen Punkten);
- das vom Lesegerät gesendete Signal wird vom Antwortgerät
  entsprechend seiner Codierung beeinflußt, so daß im empfangenen
  Signal der absolute Ort, ergänzt gegebenenfalls durch Zusatz-
  informationen, enthalten ist;

- bei dieser Anordnung werden also die Ortungsinformationen
  fahrzeugseitig ermittelt; die Infomationsübergabe kann nur
  während der Vorbeifahrt an den Antwortgeräten erfolgen (siehe
  auch /123/).

Linienleiter mit Kreuzungsstellen /93, 104, 109/:
- Einspeisung von nieder- oder hochfrequentem Wechselstrom in
  den am Fahrweg verlegten Linienleiter durch fahrwegseitigen
  Sender;
- fahrzeugseitige Antennen mit nachgeschalteten Auswerteein-
  richtungen erkennen und zählen die äquidistanten Kreuzungsstellen des Linienleiters (Phasensprung um 180° an der
  Kreuzungsstelle);
- eine Feinortung nach diesem Verfahren ist möglich, wenn der
  Abstand der Kreuzungsstellen klein genug gewählt wird und
  mehrere Fahrzeugantennen verwendet werden (Noniusprinzip).

Zusammenfassend läßt sich das folgende übergeordnete Prinzip
formulieren:
- die Grenzen der Ortungsabschnitte werden je nach der
  technischen Lösung markiert und bilden die absolute Ortungs-
  information (durch punktförmig wirkende Einrichtungen oder
  durch die Abschnittswechsel bei Gleisstromkreisen und Linienleiterschleifen);
- durch die Ortungsabschnitte ist eine Grobortung der Fahrzeuge
  gegeben;
- die Position der Fahrzeuge innerhalb der Ortungsabschnitte
  (Feinortung) muß durch zusätzliche Meßeinrichtungen bestimmt
  werden.

Für die Feinortung können beispielweise Radimpulsgeber oder Doppler-
radargeräte /110/ eingesetzt werden, die sich primär für die Geschwindigkeitsmessung eignen und wo die Fahrzeugposition durch
Integration zu bestimmen ist.

154

Bei manchen Lösungen kann man absolute und relative Ortsmarken
unterscheiden. Am Beispiel des gekreuzten Linienleiters wird diese
einfache Realisierungsmöglichkeit deutlich, wie in Bild 10.1 mit
verschiedenen Verlegungsarten gezeigt wird. Dafür ergibt sich eine
absolute Ortsmarke durch den Anfang oder das Ende einer Leiter-
schleife. Das Meßprinzip mit mehreren Fahrzeugsensoren, die äqui-
distante Ortsmarken mit und ohne Codierung erkennen und registrie-
ren, geht aus Bild 10.2 hervor. Unter der Annahme, daß die Ortsmarken im Abstand l_0 exakt geortet werden, beträgt die maximale
Abweichung zwischen wirklicher und gemessener Position bei N Fahrzeugsensoren

$$l_m = \frac{l_0}{N} \qquad (10.1)$$

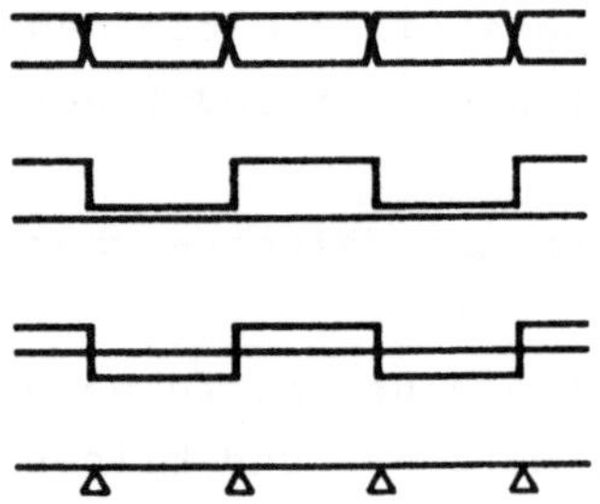

Bild 10.1. Varianten der Linienleiterverlegung mit Kreuzungsstellen

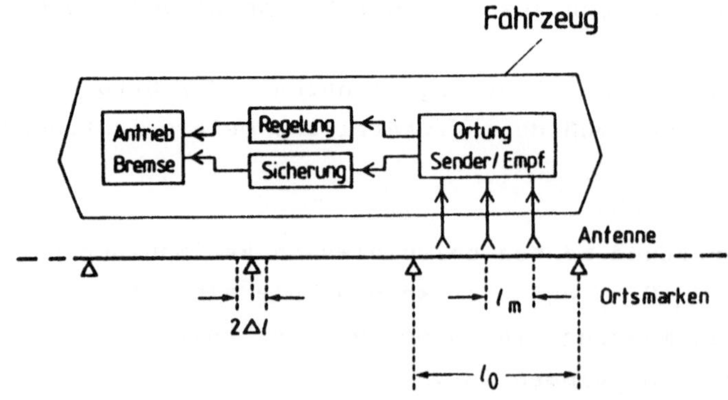

Bild 10.2. Prinzip der Positionserfassung mit fahrzeugseitigen
Sensoren und fahrwegseitigen Ortsmarken

10.1.2 Erfassung der Fahrzeuggeschwindigkeit

Für die Geschwindigkeitserfassung bei spurgebundenen Fahrzeugen
kommen neben Radimpulsgebern und Tachometern vor allen Dingen solche
Einrichtungen in Frage, die bereits zur Positionserfassung und auch
zum Datenaustausch mit den Fahrzeugen (siehe Abschnitt 10.2) Ver-
wendung finden. Von großem Vorteil sind dabei berührungslos arbeitende Verfahren, damit eine schlupfunabhängige Messung zustandekommt. Beispielweise bei Magnetschwebebahnen ist ohnehin eine
berührungslose Messung erforderlich.
Bei den Methoden der Geschwindigkeitserfassung, die sich auf äqui-
distante Ortsmarken stützen und hier näher behandelt werden, sind
zwei prinzipielle Lösungswege zu unterscheiden, die beide auf die in
Bild 10.2 dargestellte Anordnung zurückgeführt werden können:

Geschwindigkeitserfassung
- bei fester Zeitbasis (Meßzeit) mit Wegmessung (Zählung von
  Ortungsimpulsen),
- bei fester Wegbasis (Ortsmarken- und Fahrzeugsensorabstände)
  mit Zeitmessung (Zählung von hochfrequenten Perioden eines
  Bezugssignals zwischen zwei Ortungsimpulsen).

Die Funktionsweisen der beiden Verfahren gehen aus Bild 10.3 hervor.
Sie werden im folgenden anhand von fahrdynamischen Gesetzmäßigkeiten
hinsichtlich Meßungenauigkeit und Wahl günstiger Parameterwerte
näher untersucht. Wichtige Zusammenhänge können aus Bild 10.4 ent-
nommen werden, wo entscheidende Parameter in v(x)-Diagrammen gekennzeichnet sind.

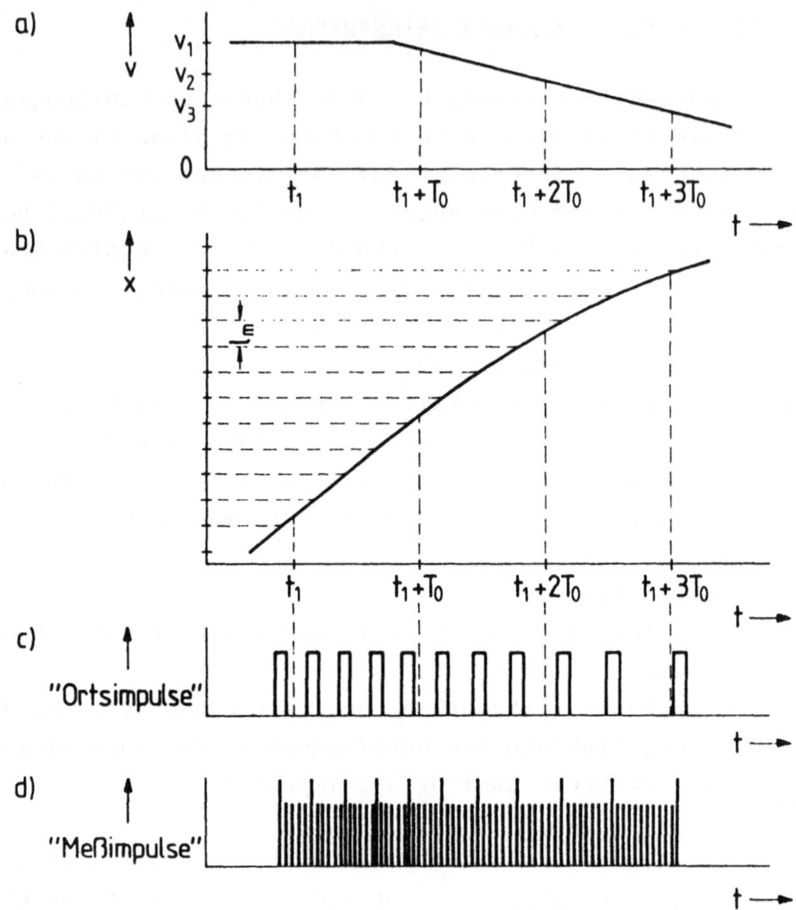

Bild 10.3. Prinzip der Geschwindigkeitserfassung; a) Geschwindigkeit und b) Position als Funktion der Zeit, c) "Ortsimpulse"
(Ortungssignale) bei fester Zeitbasis T_0, d) Hochfrequente Meß-
impulse zwischen den "Ortsimpulsen" (Zeitmessung)

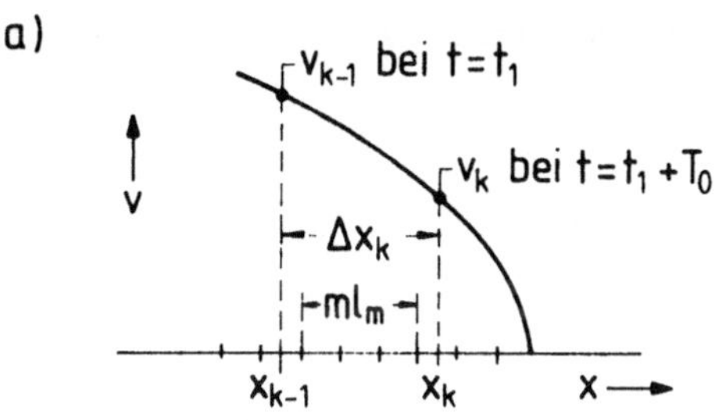

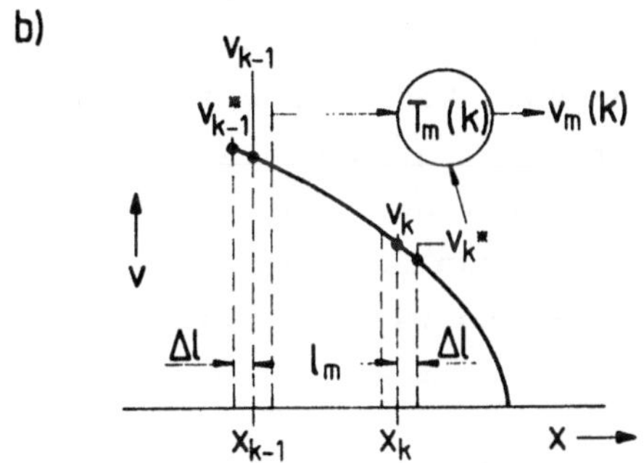

Bild 10.4. Bestimmung der Fahrzeuggeschwindigkeit; a) Zählung der Ortsmarken (Abstand l_m) bei fester Zeitbasis T_0, b) Zeitintervallmessung (bei einem Unsicherheitsbereich $\pm\,\Delta l$ für die Ortsmarkenerkennung)

a) Geschwindigkeitserfassung über eine Wegmessung bei fester
   Zeitbasis

Bei vorgegebener Zeitbasis (Meßzeit) T_0 wird die Fahrzeuggeschwindigkeit durch die Vorschrift

$$v_m = \frac{x_m}{T_0} = \frac{m l_m}{T_0} \tag{10.2}$$

bestimmt, wobei $x_m = m l_m$ die in ganzen Weginkrementen gemessene
während des Zeitintervalls T_0 zurückgelegte Wegstrecke angibt.
Wie aus Bild 10.3a hervorgeht, kann die Differenz zwischen diesem
Wert und dem wirklich zurückgelegten Weg $\Delta x_k = x_k - x_{k-1}$ maximal $\pm l_m$,
also ein Ortsmarkenabstand betragen: $(m-1)l_m \leq \Delta x_k \leq (m+1)l_m$.
Da der Zusammenhang zwischen den Geschwindigkeiten v_{k-1} und v_k beim
Beschleunigen oder beim Bremsen (wie in Bild 10.3a dargestellt)
bekannt ist und durch

$$\Delta x_k = x_k - x_{k-1} = \frac{v_{k-1}^2 - v_k^2}{2 b_0} \tag{10.3}$$

beschrieben wird, läßt sich die maximale Meßabweichung bestimmen.
Wegen

$$(m-1)l_m \leq \frac{v_{k-1}^2 - v_k^2}{2 b_0} \leq (m+1)l_m \tag{10.4}$$

gilt

$$\frac{\dfrac{v_{k-1}^2 - v_k^2}{2 b_0} - l_m}{T_0} \leq v_m \leq \frac{\dfrac{v_{k-1}^2 - v_k^2}{2 b_0} + l_m}{T_0} \; , \tag{10.5}$$

so daß mit $v_k = v_{k-1} - b_0 T_0$ die Geschwindigkeitsabweichung
maximal

$$\Delta v_{max} = MAX\,(v_m - v_k) = \frac{1}{2}\,b_0 T_0 \pm \frac{l_m}{T_0} \qquad (10.6)$$

beträgt. Damit können mehrere Fälle untersucht werden:

1) $b_0 = 0$ (v=const) $\longrightarrow \Delta v_{max} = \pm \frac{l_m}{T_0}$

2) $\Delta v_{max} = \frac{1}{2}\,b_0 T_0 + \frac{l_m}{T_0}$

3) $\Delta v_{max} = \frac{1}{2}\,b_0 T_0 - \frac{l_m}{T_0}$

Es besteht die Aufgabe, durch geeignete Wahl der Meßbasis T_0 allen
drei Fällen gerecht zu werden. Dies wird aus Bild 10.5 deutlich, wo
die Verläufe der angegebenen Funktion in Abhängigkeit von T_0 dargestellt sind. Während im ersten Fall natürlich ein möglichst großer
Wert für T_0 günstig ist, wird im zweiten und dritten Fall die Abweichung minimal, wenn

$$T_0^* = \frac{2 l_m}{b_0} \qquad (10.7)$$

gewählt wird (Minimum bei 2) und Nullstelle bei 3)).
Ein geeigneter Bereich für T_0 wird nun durch die Bedingung definiert, daß in allen Fällen ein gewisser Grenzwert für die Meßab-
abweichung nicht überschritten werden darf ($\left| \Delta v_{max} \right| \leq 0{,}5$ m/s
als Beispiel in Bild 10.5).

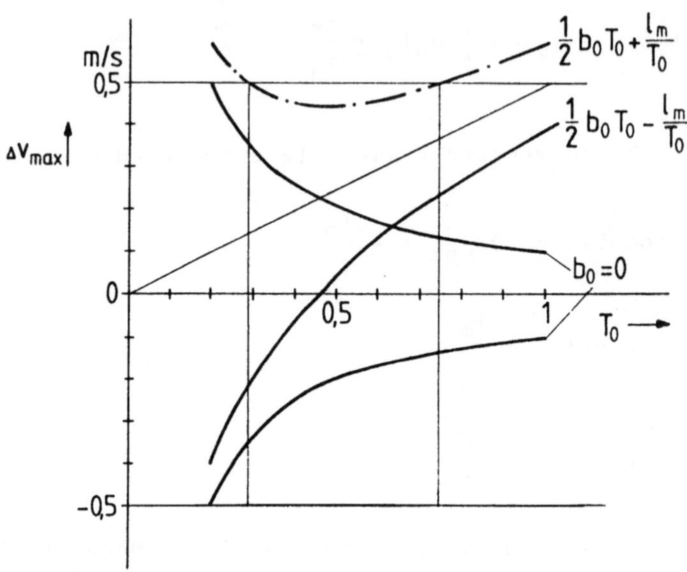

Bild 10.5. Meßunsicherheit (maximale Geschwindigkeitsabweichung) in Abhängigkeit von der Meßzeit T_0 mit $l_m = 0{,}1$ m, $b_0 = 1$ m/s^2

b) Geschwindigkeitserfassung über eine Zeitmessung bei fester
   Wegbasis

Bei der Genauigkeit der Geschwindigkeitserfassung, die auf einer
Zeitmessung, ausgelöst durch das Erkennen von Ortsmarken, basiert,
sind vor allem folgende negative Einflüsse zu beachten (siehe auch
Bild 10.4b):

- Unsicherheiten beim Erkennen der Ortsmarken durch die
  Fahrzeugsensoren (maximale Abweichung $\pm \Delta 1$),
- Änderungen der Geschwindigkeit während des Meßvorgangs,
- Verzögerungen auf Grund von Meßwertaufbereitung und -über-
  tragung.

Aus dem $v(x)$-Diagramm für einen Bremsvorgang (Bild 10.4b) geht
hervor, daß der Geschwindigkeitswert, der bezüglich der Ortsmarke k
(wirkliche Position x_k) auftreten kann und für die Zeitmessung
relevant ist,

$$v_k^* = \sqrt{v_k^2 + 2b_0 \, \Delta x} \qquad \text{mit} \qquad -\Delta 1 \leq \Delta x \leq \Delta 1 \qquad (10.8)$$

beträgt.

Für den Meßwert der Fahrzeuggeschwindigkeit, der bei dieser Methode
/111/ geliefert wird, gilt unter der Voraussetzung einer idealen
Zeitmessung

$$v_m(k) = \frac{1_m}{T_m(k)} = \frac{1_m}{\dfrac{v_{k-1}^* - v_k^*}{b_0}}$$

$$= \frac{b_0 1_m}{\sqrt{v_{k-1}^2 + 2b_0 \, \Delta x} - \sqrt{v_{k-1}^2 - 2b_0 1_m - 2b_0 \, \Delta x}} \qquad . \qquad (10.9)$$

Für die maximale Meßabweichung, bezogen auf die Position $x = x_k$, enthält man mit (10.9)

$$\Delta v_{max} = MAX (\ v_m(k) - v_k\ )$$

$$= \frac{1}{2}\ \frac{l_m}{l_m \pm 2\ \Delta l}\ (\ \sqrt{v_{k-1}^2 \pm 2b_0\ \Delta l} + \sqrt{v_{k-1}^2 - 2b_0(l_m \pm \Delta l)}\ )$$

$$- \sqrt{v_{k-1}^2 - 2b_0 l_m} \qquad . \qquad\qquad (10.10)$$

Aus dieser Beziehung lassen sich zwei Grenzwerte berechnen, die Erwähnung verdienen:

$$b_0 = 0 \ \longrightarrow \quad \Delta v_{max} = v_{k-1}\ (\frac{1}{1 \pm 2\ \frac{\Delta l}{l_m}} - 1)\quad . \qquad (10.11)$$

$$\Delta l = 0 \ \longrightarrow \quad \Delta v_{max} = \frac{1}{2}\ (v_{k-1} - \sqrt{v_{k-1}^2 - 2b_0 l_m}\ )\quad . \qquad (10.12)$$

Daraus wird deutlich, daß die absolute und die relative Abweichung

$$\frac{\Delta v_{max}}{v_{k-1}} = \frac{1}{2}\ (1 - \sqrt{1 - \frac{2b_0 l_m}{v_{k-1}^2}}\ ) \qquad\qquad (10.13)$$

besonders bei geringen Geschwindigkeiten ins Gewicht fällt.

Das Ergebnis (10.10) ist in Bild 10.6 graphisch dargestellt, um den Einfluß der Abweichung Δl und der Meßstrecke l_m zu zeigen. Es wird deutlich, daß bei der Festlegung der Meßstrecke l_m (Ortsmarken-abstand) die zu erwartende Abweichung Δl sorgfältig in Betracht gezogen muß; positive und negative Werte von Δl wirken sich unterschiedlich aus.

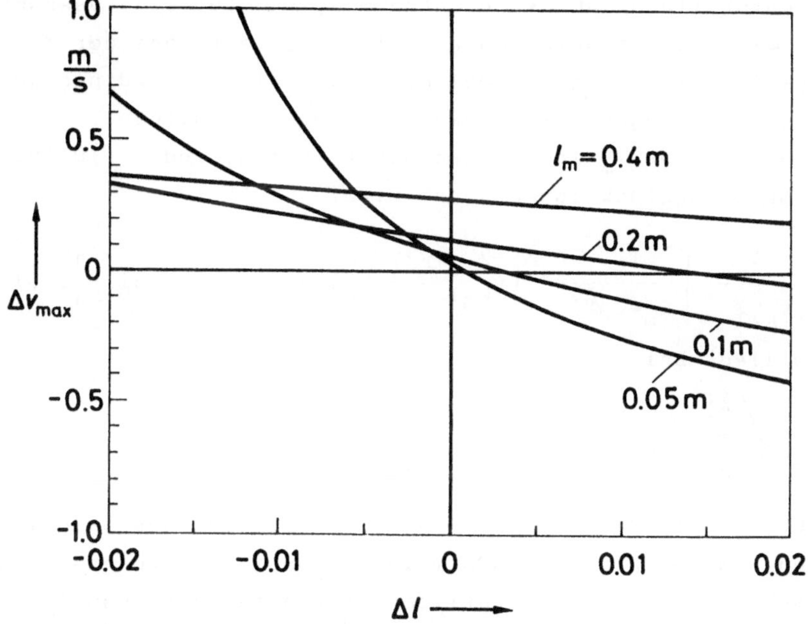

Bild 10.6. Meßunsicherheit (maximale Geschwindigkeitsabweichung) als Funktion der Positionsmeßunsicherheit Δl mit der Meßstrecke l_m (Ortsmarkenabstand) als Parameter

Aus dieser Darstellung läßt sich entnehmen, daß für eine bekannte Abweichung Δl eine optimale Meßbasis l_m existiert, bei der die Geschwindigkeitsabweichung minimal wird. Dazu ist allerdings auch die jeweilige Fahrzeuggeschwindigkeit zu berücksichtigen.

Der optimale Wert für l_m kann abgeschätzt werden, indem (10.10) durch eine Näherungsfunktion ersetzt wird:

$$\Delta v_{max} \approx \frac{1}{v_{k-1}} \left[\frac{l_m}{l_m+2\,\Delta l} \left(v_{k-1}^2 - \frac{1}{2} b_0 l_m \right) - v_{k-1}^2 + b_0 l_m \right]. \quad (10.14)$$

Das Minimum liegt bei

$$l_{mopt} \approx 2\sqrt{\frac{\Delta l}{b_0}}\; v_{k-1} \;, \quad\quad\quad (10.15)$$

woraus folgt, daß man die Meßbasis an die jeweilige Geschwindigkeit anpassen muß, um überall eine minimale Meßabweichung zu erhalten. Man wird sich in der Praxis natürlich auf wenige Werte von l_m beschränken, wobei der Bereich kleiner Geschwindigkeiten besondere Aufmerksamkeit verdient. Weitere Einzelheiten sind in /111/ zu finden, wo auch der Einfluß der Meßabweichungen auf die Genauigkeit der Zielbremsung behandelt wird.

Abschließend soll noch kurz der Effekt der "Meßwertalterung" angesprochen werden. Der Meßwert v_m steht erst nach der Zeit T_R zur Verfügung, so daß nach Bild 10.4b zum Zeitpunkt der Meßwertauswertung folgende Fahrzeug-Istwerte gültig sind:

$$v_k^{**} = v_k^* - b_0 T_R \quad\quad\quad (10.16)$$

$$x_k^{**} = x_k^* + T_R v_k^* - \frac{1}{2} b_0 T_R^2 \;. \quad\quad\quad (10.17)$$

Zusammenfassend kann festgehalten werden, daß sich die beschriebene Methode der Geschwindigkeitsmessung sowohl für einzelne, geschickt plazierte Geschwindigkeitsprüfabschnitte (vgl. /36/) als auch für eine quasi-kontinuierliche Geschwindigkeitserfassung eignet, wobei sich naturgemäß Probleme bei kleinen Geschwindigkeiten (< 1 m/s) ergeben. Erforderlich sind jedenfalls Meßbasen und damit Abstände der Ortsmarken in der Größenordnung $0,1 \ldots 0,5$ m.

10.2 Datenübertragung zwischen fahrzeugseitigen und fahrwegseitigen Einrichtungen

Wie bei der Fahrzeugortung bzw. Gleisfreimeldung ist auch bei der Datenübertragung zwischen fahrzeug- und fahrwegseitigen Einrichtungen eine Organisation mit ortsfesten Abschnitten vorteilhaft. Innerhalb dieser Übertragungsabschnitte, die zweckmäßigerweise mit den vorher behandelten Ortungsabschnitten identisch sind, soll eine quasi-kontinuierliche bidirektionale Kommunikation durchgeführt werden, die aufgrund der Anforderungen an den Datenaustausch (vgl. insbesondere Abschnitt 9.5.2) eine sehr hohe Übertragungszuverlässigkeit aufweisen muß. Die in Frage kommenden Übertragungsmedien lassen sich in leitungsgebundene und freistrahlende Typen gliedern:

- Fahrschienen,
- Fahrdraht,
- Linienleiter,
- geschlitzte Koaxialkabel,
- Schlitzhohlleiter,
- Richtfunk.

Die damit im Zusammenhang mit geeigneten Sendern und Empfängern realisierten Übertragungssysteme unterscheiden sich u.a. in folgenden Merkmalen:

- erreichbare Abschnittslänge (begrenzt durch den Mindestwert der Empfangsleistung, die durch die Längsdämpfung z.B. der Leitung und der Koppeldämpfung zwischen Leitung und Fahrzeugantennen bestimmt wird),
- erreichbare Bandbreite bzw. Übertragungsgeschwindigkeit,
- Störfestigkeit,
- mechanische Eigenschaften.

Die elektrischen Eigenschaften von Gleisstromkreisen und von Linienleitern werden ausführlich in /104/ behandelt.

Neben den genannten quasi-kontinuierlich arbeitenden Übertragungs-
systemen sind noch isolierte Übertragungsstellen zu erwähnen (z.B.
einzelne Gleisstromkreise oder Linienleiterschleifen oder punktförmige Übertragungseinrichtungen (vgl. /108/), mit denen dem Fahrzeug während des Vorbeifahrens einige Informationen mitgeteilt
werden können. Im Bezug auf ein automatisches Fahren können diese
Einrichtungen natürlich nur zur Übermittlung von ergänzenden Fahr-
daten genutzt werden.

Für den Datenverkehr der fahrwegseitigen Sicherung und Steuerung mit
den Fahrzeugen bietet sich ein Zeitmultiplexbetrieb an;
die Zuordnung fahrzeugbezogener Frequenzen bzw. Übertragungskanäle
ist unzweckmäßig. Aus Sicht der fahrwegseitigen Geräte, die mit dem
Fahrzeug Informationen austauschen wollen, gibt es zwei prinzipielle
Möglichkeiten:

- ortsselektive Adressierung,
- fahrzeugselektive Adressierung.

Im ersten Fall wird ein bestimmter Übertragungs- oder Ortungsab-
schnitt und damit das sich dort befindende Fahrzeug angesprochen, im
zweiten Fall erfolgt der Ruf an ein bestimmtes Fahrzeug.

Wenn sich in einem längeren Abschnitt mehrere Fahrzeuge aufhalten
können (z.B. beim Linienleiter-Langschleifen-System, siehe /93, 94,
96/), dürfen die Fahrzeuge nur nach Aufforderung senden, da sie sich
sonst gegenseitig stören würden. Bei kurzen Abschnitten, in denen
sich jeweils nur ein Fahrzeug aufhalten darf, können voneinander
unabhängige Sendezyklen der Fahrzeug- und Streckengeräte gewählt
werden.
Zur Sicherung der Datenübertragung (siehe /112, 113/) kommen verschiedene Verfahren und Maßnahmen in Frage, die hier ohne weitere
Ausführungen genannt werden:
- mehrkanalige Übertragung,
- Quittungsbetrieb,
- Telegrammwiederholung,
- Codesicherungsverfahren (Fehlererkennung und -korrektur).

10.3 Rechnersysteme mit Sicherheitsverantwortung

Die sicherungstechnischen Einrichtungen des Leitsystems mit fahr-
zeug- und fahrwegseitigen Komponenten für sicherheitsrelevante
Datenübertragung und -verarbeitung müssen dafür sorgen, daß jegliche
Gefahr für Personen und Sachen vermieden wird /114, 115/. Beliebige
gefährliche Fehler in den zu überwachenden Einrichtungen und in den
Sicherungskomponenten selbst dürfen sich nicht schädlich auswirken,
sie müssen sofort erkannt werden, damit ein Abbremsen des betroffenen Zuges in den sicheren Haltzustand ausgelöst wird. Aufgrund
dieser Anforderung kommen nur informationsverarbeitende Systeme mit
Fail-safe-Verhalten /116, 117/ in Frage, und zwar unabhängig von den
technologischen Lösungen. Dazu seien hier die verschiedenen Genera-
tionen der Sicherungstechnik mit Relaisschaltwerken, diskreten Halb-
leiterbausteinen, mit Sicherungsschaltwerken auf der Basis integrierter Schaltungen und mit mehrkanaligen Mikrorechnersystemen
genannt. Vor dem Einsatz von sicherungstechnischen Bausteinen muß in
einem behördlichen Sicherheitsnachweis /118/ bewiesen werden, daß
kein gefährlicher Zustand aufgrund von Hardwarefehlern auftreten
kann und daß keine sicherheitsrelevanten Fehler in der Software
vorliegen.
Als Beispiel soll ein für den Bahnbetrieb zugelassenes Mikrorechnersystem /119, 120/ erläutert werden, das in Bild 10.7 schematisch
dargestellt ist. Die beiden parallel-redundanten Rechner mit unabhängigen Vergleichern sind identisch aufgebaut, werden mit denselben
Eingangsinformationen versorgt und bearbeiten die gleichen Aufgaben
mit den gleichen Programmen.
Ihre Ergebnisse werden von den Hardware-Vergleichern auf Übereinstimmung kontrolliert. Dieser Vergleich wird von einem Taktgeber
gesteuert, der bei Unstimmigkeiten stillgesetzt wird und eine Aus-
gabe verhindert. Die beiden Takte 1 und 2 sind zeitlich gegenein-
ander verschoben, damit sich eine gleichzeitig auf beide Kanäle
wirkende Störbeeinflussung nicht schädlich auswirken kann.
Zusammenfassend kann gesagt werden, daß ein universell einsetzbarer
Sicherungsbaustein vorliegt, der bei ein- oder mehrkanaligen Übertragungsstrecken verwendbar ist und über einfache oder redundante
Ein- und Ausgabekanäle mit Sensoren, Antrieben, Bremsen, Anzeigen
u.s.w. in Verbindung stehen kann.

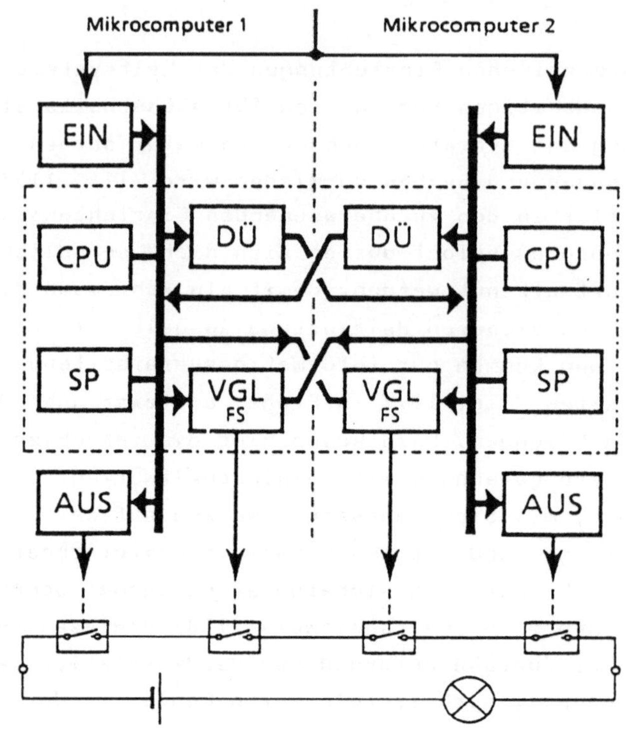

⌐ ¬ (SIMIS-Kern box)	SIMIS-Kern
AUS	Ausgabeeinheit
CPU	Mikroprozessor
DÜ	Datenübertragungseinrichtung
EIN	Eingabeeinheit
FS	Fehlerspeicher
SP	Speicher
VGL	Vergleicher

Bild 10.7. Zweikanaliges sicheres Mikrorechnersystem (nach /120/)

Bei einer "Vorläufer-Lösung" handelt es sich um ein zweikanaliges Schaltkreissystem in integrierter Widerstands-Transistor-Technologie /121/ mit in /122, 123/ beschriebenen Anwendungen für eine Kabinenbahn und eine Magnetbahn-Versuchsanlage. Bei dieser Version werden die beiden parallelen Kanäle bei jedem Taktschritt auf Antivalenz geprüft, und zwar im Rahmen jedes einzelnen Bausteins zur Speicherung und Verknüpfung von Daten. Es müssen hier also sämtliche Zwischenvergleichsergebnisse positiv sein, damit die weitere Verarbeitung freigegeben wird. Bei Störung der Antivalenz wird der Ausgang eines Schaltwerks sofort in den spannungslosen Zustand geschaltet.
Während es bei den Sicherungsschaltwerken darauf ankommt, die Zahl der Rechenoperationen zu begrenzen und möglichst viele Informationen in Tabellenspeichern zu hinterlegen, darf beim sicheren Mikrorechnersystem die als fehlerfrei geforderte Software wegen des Prüfaufwands nicht zu umfangreich werden.

Es läßt sich absehen, daß die nächste Generation von sicheren Rechnersystemen durch 2 von 3 - Konfigurationen gebildet wird, bei denen dann auch höhere Programmiersprachen wie PASCAL zum Einsatz kommen. Bei dieser Lösung kann eine bessere Verfügbarkeit als bei den erwähnten 2 von 2 - Systemen erwartet werden. Bei Ausfall eines Rechners (einschließlich seiner peripheren Elemente) soll bis zu seiner Reparatur mit den beiden verbleibenden Rechnern weitergearbeitet werden. Für die Einsetzbarkeit dieser Lösung kommt es allerdings vor allem darauf an, daß auch Fehler in den peripheren Einrichtungen (z.B. Ortungs- und Übertragungskomponenten) toleriert werden können. Das bedeutet, daß die Anordnung der Ein- und Ausgabekanäle den jeweiligen Erfordernissen angepaßt werden müssen.

Einerseits bringen die neuen Rechnersysteme eine sehr hohe
Leistungsfähigkeit mit sich, anderseits schaffen sie aufgrund
der komplexen Hard- und Software neue Probleme bei der Zulassung
für den Einsatz bei spurgebundenen Transportsystemen /124 - 127/.
Dabei sind auf jeden Fall u.a. die nachfolgenden Anforderungen zu
beachten:

- Unabhängigkeit der redundanten Komponenten,
- Abschirmung gegen Störbeeinflussungen,
- Aufdeckung von Einzelfehlern,
- Nachweis der Ungefährlichkeit von Einzelfehlern,
- Realisierung von kurzen Fehleroffenbarungszeiten,
  (während dieser Zeit soll ein zweiter Fehler sehr unwahr-
  scheinlich sein).

Abschließend sei bemerkt, daß beim Einsatz von Leitsystemen insbesondere bei voll- oder teilautomatischen Betrieb die Sicherungsebene
entscheidend ist; für die Effizienz des Leitsystems und damit für
die Wirtschaftlichkeit des Transportsystems ist die Aufgabenteilung
zwischen Sicherung, Steuerung und Betriebsführung mit zueinander
passenden technischen Lösungen maßgeblich.

Literaturverzeichnis

1. Fiedler, J. : Grundlagen der Bahntechnik.
   Düsseldorf: Werner-Verlag 1980 (2. Auflage)

2. Lehmann, H. : Bahnsysteme und ihr wirtschaftlicher Betrieb.
   Darmstadt: Tetzlaff-Verlag, 1978

3. Weigelt, H. ; Götz, R. ; Weiß, H.H. : Stadtverkehr der Zukunft.
   Düsseldorf: Alba Buchverlag, 1973

4. Potthoff, G. : Einführung in die Fahrdynamik.
   Berlin: VEB Verlag Technik, 1953

5. Potthoff, G. : Verkehrsströmungslehre, Band 1 (Die Zugfolge
   auf Strecken und in Bahnhöfen). Berlin: Transpress-Verlag, 1970

6. Mühlhans, E. : Methoden der Leistungsuntersuchung im Eisen-
   bahnbetrieb. Eisenbahntechnische Rundschau 22 (1973), H. 5,
   S. 198 - 201

7. Pierick, K. : Die Anwendung der Kybernetik bei den Eisenbahnen.
   Schienen der Welt 10 (1979), H. 7, S. 693 - 700

8. Müller, W. : Eisenbahnanlagen und Fahrdynamik, Band 2
   (Bahnlinie und Fahrdynamik der Zugförderung).
   Berlin: Springer-Verlag, 1953

9. Glück, H. : Fahrdynamik. Elsners Taschenbuch der Eisenbahntechnik 1972, S. 407 - 439. Darmstadt: Tetzlaff-Verlag

10. Leutzbach, W. : Einführung in die Theorie des Verkehrsflusses.
    Berlin: Springer-Verlag, 1972

11. Kraft, K.H. : Systematik fahrdynamischer Untersuchungen
    bei der Automatisierung des Bahnbetriebs. Siemens Forsch.- u.
    Entwickl.- Berichte 12 (1983), H. 4, S. 209 - 217

12. Wende, D. : Fahrdynamik. Berlin: Transpress-Verlag, 1983

13. Rappenglück, W. : Fahrzeugtechnik für den Hochgeschwindigkeits-
    Personenverkehr. Eisenbahntechnische Rundschau 29 (1980),
    H. 7/8, S. 525 - 536

14. Voß, G. ; Gackenholz, L. ; Wiebels, R. : Die neue Formel
    (Hannoversche Formel) zur Bestimmung des Luftwiderstands
    spurgebundener Fahrzeuge. ZEV Glasers Ann. 96 (1972), H. 6,
    S. 166 - 171

15. Stoffels, W. : Gasturbinen-Triebwagen in Frankreich (Teil 4).
    Eisenbahntechnische Praxis 30 (1978), H. 4, S. 15 - 23

16. Kraft, K.H. ; Schnieder, E. : Optimale Trajektorien im spur-
    gebundenen Schnellverkehr. Regelungstechnik 29 (1981), H. 4/5,
    S. 111 - 119, 152 - 155

17. Hümmer, K. ; Kraft, K.H. ; Lüers, W. : Ein Simulationsmodell
    zur Untersuchung von Betriebsabläufen bei Schnellbahnen.
    Archiv für Eisenbahntechnik 35 (1980), S. 41 - 49

18. Rockenfelt, B. : Fahrzeiten und Zugfahrtrechnungen bei der
    Deutschen Bundesbahn. Elsners Taschenbuch der Eisenbahtechnik
    1983, S. 255 - 280. Darmstadt: Tetzlaff-Verlag

19. Rappenglück, W. : Neue Triebzüge der Deutschen Bundesbahn
    für Ballungsräume. Elektrische Bahnen 40 (1969), H. 11,
    S. 244 - 254

20. Sliwa, H. : Fahrdynamik des Bremsvorgangs unter Berück-
    sichtigung des Fahrwiderstands. Verkehr und Technik 27 (1974),
    H. 12, S. 484

21. Kraft, K.H. ; Schnieder, E. : Requirements of operations
    control for maglev transit systems. Proceedings of the 4 th
    IFAC Conference on "Control in Transportation Systems",
    Baden - Baden 1983.

22. Potthoff, G. : Fahrdynamische Überschlagsrechnungen.
    Deutsche Eisenbahntechnik 19 (1971), H. 8, S. 376 - 379

23. de Falco, F. ; u.a. : Intervallo minimo tra i treni di una
    ferrovia metropolitana. Ingegneria Ferroviaria (Rom) 34 (1979),
    S. 413 - 427

24. Laubert, W. : Betriebsablauf und Leistungsfähigkeit von Klein-
    kabinenbahnstationen. Dissertation, Universität Karlsruhe, 1977

25. Kraus, G. ; Siegfarth, W. : Fahrzeitenrechnung und Verbrauchs-
    werteermittlung für Zugfahrten mit EDV bei der Deutschen
    Bundesbahn. Elektronische Bahnen 49 (1978) H. 5, S. 122 - 129

26. de Koranyi, L. : Energy requirements of high-speed trains.
    The Railway Gazette 122 (1966), S. 533 - 537

27. Masada, E. ; Sattler, P.K. : Vergleich der Kenndaten des
    Zugbetriebs im Nahverkehr bei Anwendung unterschiedlicher
    Antriebssysteme aus japanischer Sicht.
    Elektrische Bahnen 81 (1983), H. 3, S. 78 - 84

28. Heimerl, G. ; Cronen, H. : Nutzen aus der Steigerung der
    Reisegeschwindigkeit des Personenfernverkehrs auf der Schiene.
    Eisenbahntechnische Rundschau 25 (1976), H. 1/2, S. 60 - 72

29. Brettmann, E. : Optimal-wirtschaftliche Geschwindigkeit spur-
    gebundener Fahrzeuge. Eisenbahntechnische Rundschau 24 (1975),
    H. 1/2, S. 26 - 34

30. Vormeyer, J. : Zur Entwicklung einer optimalen Transport-
    technologie für Stadt- und Vorortbahnen im Gemeinschafts-
    betrieb. Wiss. Zeitschr. d. Hochschule f. Verkehrswesen
    (Dresden) 26 (1979), H. 1, S. 20 - 24

31. Wegel, H. : Fahrplangestaltung für taktbetriebene Nahverkehrs-
    netze. Dissertation, TU Braunschweig, 1974

32. Dirmeier, W. : Die Durchführung des Taktfahrplans in Eisen-
    bahn-Knotenpunkten. Dissertation, TH Darmstadt, 1977

33. Bergmann, D. : Generalized expressions for the minimum time
    interval between consecutive arrivals at an idealized railway
    station. Transport Research 6 (1972), S. 327 - 341

34. Lüddecke, C. : Die dichteste Zugfolge auf Stadtschnellbahnen
    bei neuzeitlicher Zugsteuerung und bei herkömmlicher Signa-
    lisierung. Eisenbahntechnische Rundschau 17 (1968), S. 29 - 54

35. Sonntag, P. : Die Zugdichte auf Schnellbahnen in Abhängigkeit
    vom Sicherungssystem, den Fahrzeugdaten und der Strecken-
    neigung. Dissertation, TH Aachen, 1971

36. Märtens, W. : Geschwindigkeitsprüfabschnitte in elektronischer
    Technik bei U-Bahnen. Siemens-Zeitschrift 45 (1971),
    Beiheft Bahntechnik, S. 171 - 173

37. Baumgart, S. ; Buder, K. : Die selbsttätige magnetische Zugbe-
    einflussung. Siemens-Zeitschrift 31 (1957), H. 9, S. 462 - 469

38. Buder, K. : Indusi I 60, eine Bauart für die induktive Zugbeeinflussung. Siemens-Zeitschrift 39 (1965), H. 6, S. 571 -576

39. Kraft. K.H. : Zugverspätungen und Betriebssteuerung von Stadtschnellbahnen in systemtheoretischer Analyse.
Dissertation, TU Braunschweig, 1981

40. Wojanowski, E. : Linienförmiges Zugsicherungs- und Zug-
steuerungssystem auf der Grundlage äquidistanter Gleisstromkreise mit Dezentralisierung der Streckenausrüstung.
Dissertation, TU Braunschweig, 1978

41. Lagershausen, H. : Die Signaltechnik bei Schienenbahnen als
fernwirktechnisches Problem.
NTF Nachrichtentechnische Fachberichte 30 (1964), S. 35 - 40

42. Form, P. : Die Zug- und Streckensicherung von Eisenbahnen
durch impulsverarbeitende Systeme.
Dissertation, TU Braunschweig, 1964

43. Glimm, J. : Fastoptimale Abstandsregelung von Schienenfahr-
zeugen mit Hilfe elektronisch simulierter Leitfahrzeuge.
Dissertation, TU Braunschweig, 1972

44. Eitlhuber, E. : Transrapid Versuchsanlage Emsland (TVE).
ZEV-Glas. Ann. 105 (1981), H. 7/8, S. 202 - 204

45. Kaminishi, K. : Results of experiments on power supply at the
Miyazaki test track of levitated transportation.
Japanese Railway Engineering 19 (1979), No. 1, S. 10 - 13

46. Kraft. K.H. : Mindestzugfolgezeiten bei Hochleistungsschnell-
bahnen mit berührungsfreier Fahrtechnik.
Eisenbahntechnische Rundschau 28 (1979), H. 1/2, S. 111 - 114

47. Kraft. K.H. : Leistungsgrenzen im Schnellbahnnetz.
Statusseminar VIII, Magnetbahnentwicklung, Bad Reichenhall 1980

48. Kraft, K.H. : Betrieb und Steuerung einer Magnetschnellbahn
am Beispiel der Referenzstrecke Hamburg-Hannover.
Statusseminar IX, Magnetbahnentwicklung, Titisee 1982

49. Schwanhäußer, W. : Die Bemessung der Pufferzeiten im Fahrplan-
gefüge der Eisenbahn. Dissertation, TH Aachen, 1974

50. Heister, G. : Gesetzmäßigkeiten von Zugverspätungen.
Archiv für Eisenbahntechnik 34 (1979), S. 53 - 58

51. Kraft, K.H. : Verspätungsmodelle für den modernen Schnell-
bahnbetrieb. Archiv für Eisenbahntechnik 38 (1983), S. 5 - 9

52. Kraft, K.H. : Train control systems and quality of operations.
Proceedings of the 5 th European Conference on Electrotechnics
(Reliability in electrical and electronic components),
EUROCON 82, Kopenhagen

53. Di Majo, F. : Die Bewegungsgesetze, die die geringsten Zug-
förderungskosten verursachen. Schienen der Welt 9 (1978), H. 1,
S. 27 - 45

54. Mies, A. : Fahrplanoptimierung bei Stadtschnellbahnen.
Eisenbahntechnische Rundschau 32 (1983), H. 7/8, S. 517 - 523

55. Schwarz, H. : Optimale Regelung linearer Systeme.
Mannheim : Bibliographisches Institut, 1976

56. Schnieder, E. ; Gückel, H. : Quasi-zeitoptimale Zustands-Ziel-
punktregelung von Bahnen. Automatisierungstechnik 34 (1986),
H. 5, S. 179 - 184

57. Jakob, H.G. : Rechnergestützte Optimierung statischer und
    dynamischer Systeme. Berlin: Springer-Verlag, 1982

58. Bellmann, R. : Dynamische Programmierung und selbstanpassende
    Regelprozesse. München: Oldenbourg-Verlag, 1967

59. Schneider, G. ; Mikolcic, H. : Einführung in die Methode der
    dynamischen Programmierung. München: Oldenbourg-Verlag, 1972

60. Tolle, H. : Optimierungsverfahren.
    Berlin: Springer-Verlag, 1971

61. Bronstein, I. ; Semendjajew, K. : Taschenbuch der Mathematik.
    Frankfurt/Main: Verlag Harri Deutsch, 1980 (19. Auflage)

62. Föllinger, O. : Optimierung dynamischer Systeme.
    München: Oldenbourg-Verlag 1985

63. Weihrich, G. : Optimale Regelung linearer deterministischer
    Prozesse. München: Oldenbourg-Verlag, 1973

64. Athans, M. ; Falb, P. : Optimal Control.
    New York: Mc Graw-Hill-Verlag, 1966

65. Sage, A. : Optimum Systems Control.
    New York: Prentice Hall, 1968

66. Schmidt, G. ; Torres-Peraza, M. : Energieoptimale Fahrprogramme
    für Schienenfahrzeuge. ZEV-Glas. Ann. 93 (1969), S. 265 - 270

67. Horn, P. : Über die Anwendung des Maximumprinzips von
    Pontrjagin zur Ermittlung von Algorithmen für eine energie-
    optimale Zugsteuerung. Wissenschaftliche Zeitschrift der Hoch-
    schule für Verkehrswesen "Friedrich List" (Dresden) 18 (1971),
    S. 919 - 943

68. Kraft, K.H. : Optimierung und Vorgabe der Sollgeschwindigkeit
    bei der automatischen Zugsteuerung im spurgebundenen Nahver-
    kehr. Siemens Forsch.- u. Entwickl.- Berichte 12 (1983), H. 5,
    S. 280 - 284

69. Glimm, J. : Ein Beitrag zur Abstandsregelung und Sicherung von
    Schienenfahrzeugen. Archiv für Eisenbahntechnik 30 (1975),
    S. 21 - 33

70. Glimm, J. : Fahrdynamik und Sicherung längsgeregelter Schienen-
    fahrzeuge. Schienen der Welt 9 (1978), H. 2, S. 80 - 101

71. Kruse, B. ; Rappenglück, W. : Technischer Vergleich der Führer-
    räume nationaler U- und S-Bahnen.
    Eisenbahntechnische Rundschau 36 (1987), H. 5, S. 341 - 346

72. Suwe, K.-H. : Das elektronische Stellwerk der Bauform Siemens.
    Signal und Draht 75 (1983), H. 11, S. 210 - 215

73. Fischer, W. : Das erste Mikrocomputer-Stellwerk in Betrieb.
    Verkehr und Technik 37 (1984), H. 6, S. 231 - 234

74. Kalusa, M. ; Suwe, K.-H. ; Stern, K. ; Zoeller, H.-J.:
    Signaleinrichtungen für Betriebsleit- und -steuersysteme.
    Signal und Draht 70 (1978), H. 7/8, S. 149 - 163

75. Kusak, U.H. : Betriebsleit- und Steuertechnik bei der
    Deutschen Bundesbahn. Internationales Verkehrswesen 31 (1979),
    H. 5, S. 302 - 306

76. Suwe, K.-H. : Rechnerunterstützte Zugüberwachungen.
    Eisenbahningenieur 31 (1980), H. 12, S. 515 - 518

77. Sitzmann, E. ; Günther, H. : Betriebsleitzentralen für die
    Neubaustrecken der Deutschen Bundesbahn.
    Eisenbahntechnische Rundschau 35 (1986), H. 1/2, S. 73 - 79

78. Sitzmann, E. ; Wehner, L. : Betriebsleittechnik.
Eisenbahntechnische Rundschau 34 (1985), H. 1/2, S. 141 - 148

79. Beyersdorff, R. : Betriebsleittechnik bei schienengebundenen
Bahnen. Internationales Verkehrswesen 37 (1985), H. 2,
S. 111 - 115

80. Hamburger Hochbahn AG : PUSH-Prozeßrechnergesteuertes
U-Bahn-Automationssystem Hamburg. Druckschrift F541/107, 1980

81. Heidelberg, G. ; Pleger, J.: Die M-Bahn - ein magnetisch
getragenes Nahverkehrsmittel.
Eisenbahntechnische Rundschau 33 (1984), H. 6, S. 515 - 518

82. Giesen, U. ; Müller, S. ; Schlotmann, W. : Die H-Bahn-Anlage
Universität Dortmund.
Eisenbahntechnische Rundschau 33 (1984), H. 6, S. 519 - 524

83. Kraft, K.H. : Entwurf von Betriebsleitsystemen für den spur-
gebundenen Verkehr. 14. Jahrestagung der Gesellschaft für
Informatik, Braunschweig 1984 (Tagungsband);
Berlin: Springer-Verlag, 1984

84. Weh. H. : Synchroner Langstatorantrieb mit geregelten,
anziehend wirkenden Normalkräften. Elektrotechnische Zeit-
schrift ETZ-A, Bd. 96 (1975), H. 9, S. 409 - 413

85. Parsch, C.P. ; Ciessow, G. : Die Antriebsausrüstung des
Transrapid 06 mit eisenbehaftetem synchronen Langstatormotor.
Elektrische Bahnen 79 (1981), H. 8, S. 290 - 295

86. Eitlhuber, E. : Transrapid 06 und sein Antriebssystem.
Eisenbahntechnische Rundschau 33 (1984), H. 6, S. 501 - 506

87. Schnieder, E. ; Kraft, K.H. : Digital state control and
observation of maglev vehicle motions. Proceedings of the 4 th
IFAC-Conference on "Control in transportation systems",
Baden-Baden, 1983

88. Schnieder, E. ; Kraft, K.H. : Computer control of advanced
    rail transit. Proceedings of the 6 th European Conference on
    Electrotechnics (Computer in communication and control),
    EUROCON 1984, Brighton

89. Kraft, K.H. ; Schnieder, E. : Betriebsleittechnik für Magnet-
    bahnen. Eisenbahntechnische Rundschau 33 (1984), H. 6,
    S. 507 - 512

90. Müller, T. : Einsatzmöglichkeiten von fahrerlosen Transport-
    systemen. Düsseldorf: VDI-Verlag, 1983

91. Bose, P.P. : Basics of AGV systems.
    American Machinist 130 (1986), H. 3, S. 105 - 122

92. Kraiss, K.-F. : Fahrzeug- und Prozeßführung.
    Berlin: Springer-Verlag, 1985

93. Köth, W. : Vergleich der Systemmerkmale verschiedener Zugbeein-
    flussungseinrichtungen.
    Eisenbahntechnische Rundschau 20 (1971), H. 7/8, S. 326 - 336

94. Grünewald, H. ; Kraus, H.-J. : Zugbeeinflussungssysteme zur
    Automation des Schienenverkehrs.
    Elektrische Bahnen 44 (1973), H. 4, S. 83 - 92

95. Rempka, J. : Automatische Zugsteuerung bei U-Bahnen.
    Schriftenreihe für Verkehr und Technik, H. 40 (1969),
    S. 22 - 36

96. Murr, E. : Linienzugbeeinflussung - derzeitiger Stand der
    Entwicklung. Signal und Draht 71 (1979), H. 11, S. 225 - 232

97. Bähker, F. ; Kern, U. : LZB 80 Fahrzeuggerät der Linienzug-
    beeinflussung für die DB.
    Eisenbahntechnische Rundschau 35 (1986), H. 11, S. 725 - 728

98. Bähker, F. : Die Entwicklung der Linienzugbeeinflussung.
Elektrische Bahnen 85 (1987), H. 2, S. 54 - 60

99. Hackstein, H. : Die automatische Fahr- und Bremssteuerung.
Elektrische Bahnen 42 (1972), H. 7, S. 146

100. Lichtenstein, L. : Automatische Fahr- Brems-Steuerung, ein
Baustein moderner Triebfahrzeugtechnik.
Siemens-Zeitschrift 45 (1971), Beiheft Bahntechnik, S. 89 - 92

101. Kraft, K.H. : Dezentrale Fahrzeugsteuerung für Magnetschnellbahnen. Tagungsband zum Statusseminar Magnetschwebetechnik
(BMFT), Hannover 1986

102. Schnieder, E. : Prozeßinformatik.
Wiesbaden: Vieweg-Verlag, 1986

103. Schnieder, E. : Zustandsregelung der Translationsbewegung
von Magnetschnellbahnen. Siemens Forsch.- u. Entwickl.-
Berichte 10 (1981), H. 6, S. 379 - 384

104. Fricke, H. ; Form, P. : Einsatz der Nachrichtentechnik in einer
zukünftigen Zug- und Streckensicherung.
Eisenbahntechnische Rundschau 14 (1965), H. 6, S. 240 - 263

105. Czehowsky, J. : Die selbsttätige Gleisfreimeldung auf den
Neubaustrecken der Deutschen Bundesbahn.
Signal und Draht 71 (1979), H. 1/2, S. 13 - 17

106. Dewald, H. : Tonfrequenz-Gleisstromkreise.
Signal und Draht 71 (1979), H. 5, S. 94 - 100

107. Linhardt, W. : Mikrowellenverfahren Sicarid zum Identifizieren
von Eisenbahnfahrzeugen.
Siemens-Zeitschrift 45, Beiheft Bahntechnik, 1971, S. 167 - 170

108. Isensee, A. ; Steinkamp, J. : Ein neues punktförmiges Mikro-
     wellenübertragungssystem für Eisenbahnen.
     Eisenbahntechnische Rundschau 25 (1976), H. 3, S. 171 - 180

109. Fricke, H. ; Form, P. : Linienförmige Nachrichtenübertragung
     für Sicherungssysteme von Schienenbahnen.
     Nachrichtentechnische Fachberichte (NTF) 34 (1967), S. 81 - 86

110. Forschungsinformation Bahntechnik : Betriebsleittechnik.
     Eisenbahntechnische Rundschau 30 (1981), H. 9, S. 695 - 698

111. Kraft, K.H. : Measuring uncertainties of state variables of
     track-guided vehicles. Siemens Forsch.- u. Entwickl.-
     Berichte 14 (1985), H. 3, S. 120 - 126

112. ORE Frage A 155/RP2 : Theoretische Grundlage zur Übertragung
     von Sicherheitsinformationen. Utrecht, Dezember 1982

113. Meinung, L. : Spezielle Probleme bei der Übertragung von
     Informationen mit Sicherheitscharakter.
     Energietechnik 31 (1981), H. 9, S. 349 - 351

114. Schwier, W. : Gedanken zur Sicherheitsphilosophie der Eisen-
     bahnsignaltechnik. Signal und Draht 66 (1974), H. 5, S. 81 - 90

115. Pierick, K. : Die Grundstruktur der Sicherungsmaßnahmen im
     Verkehr. Eisenbahntechnische Rundschau 28 (1979), H. 12,
     S. 919 - 922

116. Wobig, K.H. ; Hörder, A. ; Strelow, H. : Prozeßrechnersysteme
     mit Fail-safe-Verhalten. Signal und Draht 66 (1974), H. 11,
     S. 211 - 218

117. Wobig, K.H. : Einsatz von Rechnern für Fail-safe-Aufgaben
     in der Eisenbahnsignaltechnik.
     Internationales Verkehrswesen 30 (1978), H. 3, S. 188 - 192

118. Gayen, J.-T. : Verkehrsgerechte Sicherheitsnachweise.
Eisenbahntechnische Rundschau 28 (1979), H. 12, S. 923 - 925

119. Lohmann, H.-J. : Sicherheit von Mikrocomputern für die Eisenbahnsignaltechnik. Elektronische Rechenanlagen 22 (1980), H. 5,
S. 229 - 236

120. Eue, W. ; Gronemeyer, M. : SIMIS-C - Die Kompaktversion des
Sicheren Mikrocomputersystems SIMIS.
Signal und Draht 79 (1987), H. 4, S. 81 - 85

121. Lohmann, H.-J. : URTL-Schaltkreissystem U1 mit hoher Sicherheit
und automatischer Fehlerdiagnose.
Siemens-Zeitschrift 48 (1974), H. 7, S. 490 - 494

122. Rosenkranz, U. : Die Sicherungsebene der H-Bahn Universität
Dortmund. Nahverkehrs-Praxis 34 (1986), H. 1, S. 6 - 11

123. Lüers, W. ; Putze, K. : Betriebsleitsystem für die Transrapid-
Versuchsanlage Emsland (TVE).
Internationales Verkehrswesen 33 (1981), H. 4, S. 288 - 292

124. Pierick, K. : Die Rechnertechnologie als Herausforderung an die
Sicherheitsgrundsätze der öffentlichen Verkehrsmittel.
Die Bundesbahn 54 (1978), H. 3, S. 189 - 191

125. Wobig, K.H. : Modern technologies in fail-safe systems.
The Institution of Railway Signal Engineers, Oktober 1986

126. Shook, C.G. : Microprocessors in fail-safe systems.
The Institution of Railway Signal Engineers, Oktober 1986

127. Wobig, K.H. : Vom Sinn (und Unsinn) der Diversität bei sicheren Steuerungen. ZEV-Glas. Ann. 110 (1986), H. 12, S. 417 - 422

Sachverzeichnis

Fachberichte Messen – Steuern – Regeln

Herausgeber: **M. Syrbe, M. Thoma**

1. Band

Automatisierungstechnik im Wandel durch Mikroprozessoren

INTERKAMA-Kongreß 1977
Herausgeber: **M. Syrbe, B. Will**

1977. 408 Abbildungen, 17 Tabellen.
X, 675 Seiten. Broschiert DM 58,-.
ISBN 3-540-08414-2

2. Band

Entwurf digitaler Steuerungen

Ein Koloquiumsbericht
Herausgeber: **K. F. Fasol**

1979. 111 Abbildungen, 9 Tabellen.
VI, 250 Seiten. (29 Seiten in Englisch).
Broschiert DM 54,-. ISBN 3-540-09409-1

3. Band: **M. Cremer**

Der Verkehrsfluß auf Schnellstraßen

Modelle, Überwachung, Regelung
1979. 61 Abbildungen, 15 Tabellen.
XVI, 203 Seiten. Broschiert DM 78,-.
ISBN 3-540-09319-2

Springer-Verlag
Berlin Heidelberg New York
London Paris Tokyo

5. Band

Meß- und Automatisierungstechnik

Technologien, Verfahren, Ziele
INTERKAMA-Kongreß 1980
Herausgeber: **D. Ernst, M. Thoma**

1980. Zahlreiche Abbildungen und Tabellen.
XI, 863 Seiten. (90 Seiten in Englisch).
Broschiert DM 66,-. ISBN 3-540-10344-9

6. Band: **H. G. Jakob**

Rechnergestützte Optimierung statischer und dynamischer Systeme

Beispiele mit FORTRAN-Programmen.
1982. 74 Abbildungen, XII, 229 Seiten.
Broschiert DM 54,-. ISBN 3-540-11641-9

7. Band: **J. P. Foith**

Intelligente Bildsensoren zum Sichten, Handhaben, Steuern und Regeln

1982. 64 Abbildungen. IX, 196 Seiten.
Broschiert DM 54,-. ISBN 3-540-11750-4

8. Band: **A. Korn**

Bildverarbeitung durch das visuelle System

1982. 138 Abbildungen. VIII, 185 Seiten.
Broschiert DM 54,– ISBN 3-540-11837-3

9. Band

Sehr fortgeschrittene Handhabungssysteme

Ergebnisse und Anwendung

Herausgeber: **P.-J. Becker**

1984. VI, 212 Seiten. Broschiert DM 48,–.
ISBN 3-540-13594-4

10. Band

Fortschritte durch digitale Meß- und Automatisierungs- technik

INTERKAMA-Kongreß 1983

Herausgeber: **M. Syrbe, M. Thoma**

1983. XV, 791 Seiten (79 Seiten in Englisch).
DM 62,–. ISBN 3-540-12862-X

11. Band: **K.-F. Kraiss**

Fahrzeug und Prozeßführung

Kognitives Verhalten des Menschen und Entscheidungshilfen

1985. VI, 138 Seiten. Broschiert DM 38,–.
ISBN 3-540-15414-0

12. Band

Sensoren in der textilen Meßtechnik

Herausgeber: **E. Schollmeyer, E.-A. Hemmer**

1985. 166 Abbildungen. X, 425 Seiten.
Broschiert DM 74,–. ISBN 3-540-15494-9

13. Band

Aspekte der Informations- verarbeitung

Funktion des Sehsystems und technische Bilddarbietung

Herausgeber: **H.-W. Bodmann**

1985. IX, 337 Seiten. Broschiert DM 78,–.
ISBN 3-540-15725-5

14. Band

Fortschritte in der Meß- und Automatisierungstechnik durch Informationstechnik

INTERKAMA-Kongreß 1986

Herausgeber: **M. Thoma, G. Schmidt**

1986. XIII, 854 Seiten. Broschiert DM 88,–.
ISBN 3-540-17033-2

Springer-Verlag
Berlin Heidelberg New York
London Paris Tokyo

Band 13: Aspekte der Informationsverarbeitung
Funktion des Sehsystems und technische Bilddarbietung
Herausgegeben von H.-W. Bodmann
IX, 337 Seiten, 1985

Band 14: Fortschritte in der Meß- und Automatisierungstechnik
durch Informationstechnik
INTERKAMA-Kongreß 1986
Herausgegeben von M. Thoma und G. Schmidt
XIII, 854 Seiten, 1986

Band 15:
in Vorbereitung

Band 16: Betriebsmeßtechnik in der Textilerzeugung und -veredlung
Herausgegeben von E. Schollmeyer, D. Knittel und E. A. Hemmer
X, 438 Seiten, 1988

Band 17: K. H. Kraft: Fahrdynamik und Automatisierung
von spurgebundenen Transportsystemen
X, 187 Seiten, 1988

Fachberichte Messen, Steuern, Regeln

Manuskripte für diese Reihe sollten mindestens 100 Schreibmaschinenseiten umfassen. Sie sind, weil sie direkt als Vorlage für die fotomechanische Reproduktion dienen, besonders sorgfältig zu schreiben. Dazu gehört, daß ein neues schwarzes Farbband benutzt wird, und Symbole oder Zeichen, die nicht mit der Maschine zu schreiben sind, in Schwarz (mit Tusche) eingesetzt werden. Bitte verwenden Sie nur Schreibpapier mit aufgedrucktem Satzspiegel 18 x 26,5 cm, das Ihnen der Verlag gerne zur Verfügung stellt. Änderungen sind durch Überkleben oder – wenn ihr Umfang gering ist – mit Hilfe von weißer Korrekturfarbe möglich. (Bitte kein Korrekturpapier benutzen, da so beseitigte Buchstaben bei der Vervielfältigung oft wieder sichtbar werden.). Für die Größe von Abbildungen und deren Beschriftung ist zu beachten, daß die Manuskriptseiten bei der fotomechanischen Reproduktion auf 75% verkleinert werden. Bei Halbton-Abbildungen sind Schwarzweiß-Hochglanzabzüge zu verwenden. Bitte fordern Sie vor Abfassung des Manuskriptes die ausführliche Schreibanleitung vom Verlag an. Manuskripte und Anfragen sind an die Herausgeber

Prof. Dr. rer. nat. M. Syrbe,
Präsident der Fraunhofer-Gesellschaft
Leonrodstraße 54, 8000 München 19

Prof. Dr.-Ing. M. Thoma,
Institut für Regelungstechnik, Universität Hannover, Appelstraße 11, 3000 Hannover 1

oder den Verlag zu richten.

Springer-Verlag, Heidelberger Platz 3, D-1000 Berlin 33

Springer-Verlag, Tiergartenstraße 17, D-6900 Heidelberg 1

Springer-Verlag, 175 Fifth Avenue, New York, NY 190010/USA